老年人心理健康辅导丛书

老年期生理、心理变化及应对

主　编　陈露晓
副主编　王兴佳

中国社会出版社

《老年人心理健康辅导丛书》
编委会名单

前　言

一、老年心理学发展背景

关于老年心理学，在西方，霍尔最早对该问题做了比较系统的阐述。在《衰老》一书中，他以毕生发展心理学的思想回顾了自己的一生。他反对把老化仅仅看作是人退回早期阶段的一种返归，强调人在老化过程中显著的个别差异。第二次世界大战以后，随着老年人在人口中的比率迅速增加，对心理活动老年化的实验研究及其他研究也急剧增多。据报道，在 1951 年 ~ 1980 年这 30 年间发表的 7 篇有关老年心理研究的综述，共引用了 247 种杂志，1571 篇论文。而 1983 年发表的一篇综述中，于 1975 年 ~ 1981 年，仅六年间就查阅到 4057 篇有关成年发展和老年心理的文献。

在中国，心理学界一度出现过只重视儿童发展而忽视成年与老年心理的倾向。自从 20 世纪 60 年代以来，毕生发展心理学观点逐步被人们所接受以后，老年心理学才成为发展心理学的一个重要部分。50 年代以来，有关老年智力问题的研究最多，其次是老年记忆和学习问题。总的说来，老年心理学集中注意于认知过程老年化的研究，然后是个性、社会适应和态度的研究。此外，有人强调心理生物学的研究，强调社会心理过程的研究；也有人把感觉和知觉与健康和生存的年龄变化联系起来研究。近年来还出现了一些对老年认知的训练研究。

当然，有关老年心理学和养生学的思想在中国有着更为悠久的历史。早在春秋战国时期，诸子百家在调摄情志以益寿延年方面就有不少著述。如孔子强调“仁者寿”、“智者寿”的思想，提出“三十而立，四十而不惑，五十而知天命，六十而耳顺，七十而从心所欲不逾矩”的见解。在《道德经》和《庄子》中，明确提出了无欲、无知、无为的“返璞归真”思想。这对中国历代养生学有重要影响。又如唐代孙思邈的《千金翼方》中载：“论曰：人年五十以上，阳气日衰，损与日至，心力渐退，忘前失后，兴居怠惰，计授皆不称心，视听不稳，多退少进，日月不等，万事零落，心无聊赖，健忘嗔怒，情性变异，食饮无妙，寝处不安……”生动地论述了人在年老过程中的记忆、视觉、听觉、味觉以及性格、情绪状态等的一系列变化。

二、懂得老年心理学的意义

人是不可能“长生不老”的。衰老是人生的必经之路，心理活动的衰退是个积累的过程。完全不服老，不承认衰老是生物规律之一，是不对的。

对于老年朋友来说，学点老年心理学，及时了解老年心理的知识和特点，是有利于正确处理家庭生活，有利于增进生活情趣，有利于防止身心疾病，有利于延年益寿，防止和延缓衰老过程的到来。在心理活动一旦出现衰退、偏差、障碍时，可及时通过自我调节得到纠正，指导自己过好晚年生活，并增强心理健康的因素和信心。如果对老年人的心理变异缺乏预先的思想准备，其危害性不亚于体力衰退，常常成为脑溢血、脑血栓、心肌梗塞的始动因素，又会成为老年精神病的基础。

三、老年人如何克服心理上的变异

近代老年心理学的研究工作在中国起步较晚。因此，如何面对心理上的变异问题呢？专家认为，可以从以下几个方面着手：

首先，正视自己性格有变异的可能性。要有自知之明。弄清楚可能出现的病理、生理原因以及变异的表现和趋向，自我克制、自我纠正，遇事三思。

其次是自我宽慰。承认衰老是人生必由之路，体力与智力不能与青年人相比。社会在前进，科学在发展，思想上难免有落后的一面，想法和看法与社会潮流可能有一定距离。这是客观存在，不必自卑、自弃，不要勉强做力不从心的事。

三是积极生活，丰富人生，寻找精神上的寄托。克服不良情绪，有意识地充实生活内容，并结识一些老年和中青年朋友，生活在群体的友爱之中。留心别人衰老后的性格变异，然后再反躬自省，就能克服变异。保持心理、精神上的卫生，才能有益健康长寿。

四、本套丛书的功能和特点

（一）立意

本套丛书针对现代社会中老年人心理方面所遇到的种种问题，进行适当的诠释，并配以合理的建议，帮助老年朋友对老年心理学有充分兴趣的朋友和关心老人的广大中青年朋友来了解老人，关爱老人，陪伴老人度过心理转变期，祥和幸福地度过晚年生活。

（二）内容

根据互联网上热点讨论的老年话题以及社会上对于引起老年心理疾病的各种原因的日益关注，本套丛书分别从孤独、老年学习、情绪、性格、离退休心理、人际关系、交往心理、老年期性心理、审美心理、长寿心理和心理卫生等热点话题切入。通过本套丛书，指出当今社会出现的种种老年心理问题：黄昏恋、空巢老人、老人的心理需求和心理慰藉、癔症、抑郁症、老夫少妻、临终心理等等，提出相应的解决方法和保健措施。

（三）叙述方式

每本书以几个话题的方式着笔，通过实例开启并提供相关的专家分析和心理学测评，帮助老年人科学合理地掌控自己的心理。以极强的故事性拉近与读者之间的距离，以理论的剖析来进行疏导，以心理学测评来让读者进行反观，加强其实用性，来达到真正为读者服务的目的。

总之，本套丛书坚持以通俗易懂的方式来和老年朋友进行心理交流，让他们通过阅读解决心理困惑，降低心理疾病的危害，并帮助自己防止心理疾病的产生，从而安享晚年。

目　录

话题 1　更年期的尴尬

话题 2　老年无法逃避的变化

话题3　适应变化，安度晚年

话题4　老年人的心理健康保健

话题5　冲出对“死亡”的恐惧

话题引入

话题1　更年期的尴尬

话题引入

更年期作为人生的一个重要阶段，是人们生理、心理由成熟走向衰老的必经之路，也是人们由中年迈向老年的重要过渡。很多老年人因为更年期没能调整好自己的生理、心理状态，以至于老年时体弱多病、心情暴躁，给本应安静祥和的晚年生活带来了麻烦。首先，让我们看看王先生怎样描述他的老伴。

她总是怀疑自己生病了

最先的变化是冷淡我。原来两口子在一起挺好，可慢慢地，我一碰她，她就烦得要命。后来，她竟然跑到闺女床上睡觉，不再和我同房了。我气得够呛，却不敢说她。无论什么事儿，只要违背她的意思，她就和你不停地闹。比方说，原来有个头疼脑热的，我劝她去医院，她还嫌我小题大做，发烧到 38℃，照样上课。可现在不行了，她身上那皮肤还冰凉呢，就嚷嚷热得受不了。

她整天不舒服，整天嘟囔。我烦的时候，就说：你就不能忍忍？这下可好，她一把鼻涕一把泪，举一反三地控诉我怎么不体贴她；又说当年我母亲不伺候月子，没给看孩子；某次，我大嫂给她脸色看，自己偷着哭了半夜。说来说去，都是些几十年前的陈谷子、烂芝麻，她嚼过来，嚼过去，没完没了。咱觉着这些鸡毛蒜皮的事不值得说，可她认为这些事对她伤害挺大。

讨厌的更年期，让人很尴尬。但是这种尴尬不是没法调理，只要正确地认识自己，积极健康地处理一些莫名的烦躁，就能给自己营造一个良好的生活环境，为自己积极乐观、健康愉快的老年生活做好准备。

一、走进更年期

更年期是一个泛指的术语，源于希腊词 klimakterikos，含义为梯子或台阶，提示要登上生命中的另一段路程。1994 年，世界卫生组织（WHO）提出在研究和学术领域里，废除“更年期”一词，改称为“绝经过渡期”或“围绝经期”。但是由于“更年期”一词形象简练，易于理解，方便医患交流，所以目前仍继续被使用着。

（一）更年期的生理知识

更年期并不是女性特有的，男性也有更年期，只是症状没有女性典型、明显。无论对女人还是男人来说，更年期都是一个严峻的考验。这是他们从中年向老年的过渡时期，一般在 50 岁左右开始，会持续约 1 年 ~2 年。

女性的更年期会比男人更早到来，反应也比男性强烈。女性更年期阶段，卵巢功能从减退到完全停止，内分泌失调比较明显，因而女性更年期时间相对较一致，发病年龄一般为 45 岁 ~55 岁之间，临床症状亦较明显。男性更年期则由睾丸功能退化所引起，而睾丸的退化萎缩是缓慢渐进的，性激素分泌减少也是缓慢的，精子的生成在更年期也不完全消失。因而男性更年期来得较晚，出现的时间很不一致，发病年龄一般在 55 岁 ~65 岁。

更年期一个最重要的生理特征，就是人的大脑功能在某些方面开始衰退，内分泌系统功能下降，性腺分泌性激素的能力减退，性功能随之下降。

有些人在更年期比较安全，因为他（她）的生理变化是缓慢和不明显的，可以通过植物神经系统的调节而平稳地度过。但是更多的人则是很痛苦和麻烦，他们的变化既快又明显，以致植物神经系统功能紊乱，而出现紧张、焦虑、烦躁、易怒、失眠、记忆力减退、燥热不安、心悸、眩晕、性欲淡漠、性功能减退等一系列症状。这就是医学上的更年期综合征。

在更年期到来之前，就应该消除对更年期变化的恐惧忧郁情绪。因为，这只是人生的一个必然过渡期，只要能够安然度过，就可以迎来生命的第二个春天。更年期特殊的生理变化，使得处于更年期的人对各方面的精神刺激都比较敏感。因此，要加强自我调控的能力，以乐观的情绪、健康的心理，来平稳渡过更年期。

（二）男性更年期的特征

女性更年期已为人们所熟知，而男性更年期则常被人们所忽略。实际上，男女两性都要经过从成年过渡到老年这一阶段。

男性更年期年龄为 55 岁 ~60 岁；60 岁以上的为老年期，90 岁以上为长寿期。

男性 45 岁以后会出现性腺功能由盛而衰的转变过程，表现出情绪、心理、志趣、精力、食欲和性欲等多方面的变化。在其他脏器衰老之前，睾丸重量和体积的减少，雄激素活性的降低，下丘脑、垂体、肾上腺和性腺功能的低下等，与睾丸的衰老有关。

更年期的男人会出现失眠多梦、焦躁易怒、心悸眩晕、潮热汗出、性欲减退、阳痿等症状。

具体说来，男性在更年期的生理特征主要有以下几个方面：

1. 精神神经症状

神经过敏、急躁、爱发脾气、倦怠，常有压抑感，记忆力、思考力和集中力减退，睡眠减少、失眠、兴趣减少，常有麻木、刺痛感，常有不安或恐怖感，常有孤独感，缺乏自信心，易纠缠琐事，眩晕、耳鸣、眼花、感觉迟钝等。

2. 植物神经症状

烦热不安，头晕胸闷，心悸气短，头痛，眼前有黑点，也有人觉得四肢发凉。

3. 性功能减退

常见的有性欲淡漠或消失、阳痿。其机理由脑内多巴胺和5－羟色胺水平降低，即中枢神经系统介质传递能力的改变，多为机体生理方面的原因。更年期的男子性功能衰减是向老年过渡和随后各器官衰退的征象。

4. 消化系统症状

口干，善饥或食欲不振，腹泻或便秘等。

5. 泌尿系统症状

尿频、夜尿次数增多、尿后滴沥。

6. 新陈代谢性症状

脂肪代谢紊乱，体内脂肪堆积，血中胆固醇增高可使血管发生粥样硬化；水钠代谢紊乱可致水及钠潴留而引起浮肿；骨质吸收加速，活动量减少，造成骨质疏松，表现腰酸软及隐痛，腰骶、胸背及足跟疼痛、四肢无力等。

7. 皮肤改变

皮肤营养障碍，易发生各种皮肤病，如皮肤瘙痒症、神经性皮炎、更年期皮炎、阴囊湿疹、阴冷等。

（三）男性更年期自测

男性进入中年后，随着睾丸功能的逐渐减退，会出现内分泌功能紊乱，出现类似妇女“更年期综合征”的一系列表现，称为男性更年期。一般说来，男性更年期要比女性更年期晚 3 年 ~5 年。

下面 12 个问题可以用来作为自测定。

（1）使用原来近视眼镜已无法阅读书报，摘下眼镜放近看反而清楚，说明已有“老化”。

（2）眼睛容易疲劳，看书久后感头痛、头昏。

（3）睡眠比前减少，早睡早醒。

（4）饮酒者酒量大不如前。

（5）听力明显减弱。

（6）牙齿松动，咬不动较硬的食品。有假牙者要经常换假牙。

（7）对食物口味改变，爱吃甜、酸、辣、咸等重口味饮食，说明味觉有减退。

（8）嗜吃零食，特别是蜜饯类，这与口味减退有关。

（9）性欲减退。

（10）记忆力减退。

（11）开始怀念童年往事。

（12）学习与工作精力不如前，甚至有力不从心的感觉。

如果以上12点中有4点以上为肯定的话，那表明自己已进入更年期。

（四）女性更年期的特征

女人的更年期多数发生在45～55岁之间，最突出的变化是在月经方面。由于卵巢所分泌的雌激素数量减少，月经时常延迟，甚至数月来潮一次，经量也逐渐减少。当女人的卵巢功能衰退到一定程度时，月经即停止而称绝经。这个绝经期，也是在45～55岁之间。一般来说，如果没有生育过，绝经就较早，而生育较多的，绝经就较晚。还有，初潮早的绝经早，初潮晚的绝经晚。

处在更年期这个年龄段的妇女，来自工作、家庭、社会的压力较大。生理方面，激素的减少使皮肤和形体暂时发生一些变化，如面色无华、色素沉积、身体发胖。社会角色方面，子女长大成家，原有的家庭结构发生变化；将要离开工作岗位，接近退休，等等。这些变化和冲击导致女性出现许多心理、精神症状。如敏感多疑、找茬寻事，偏执、唠叨、急躁，甚至不近人情；有时无端心烦意乱，有时又过度兴奋，有时又处于抑郁状态；情绪低落，悲观消沉，严重的表现为更年期抑郁症。对此，除了找妇科医生外，还应该找心理医师进行疏导。

1. 血管功能失调

忽冷忽热，有时有头晕，每天可发生几次或几十次，并多在夜间发作。甚至出现发闷、气短等症状。

2. 月经失调

月经量逐渐减少，周期逐渐延长，经期缩短，以至逐渐停经。但有时候也会出现月经量增多，并伴有大量血块等情况。

3. 植物神经功能紊乱

头晕目眩，口干，喉部有烧灼感；思想不易集中，而且紧张激动，情绪复杂多变，性情急躁，失眠健忘；皮肤发麻发痒，有时有蚁走感。

4. 性欲减退

阴毛及腋毛脱落，性欲衰退；阴道分泌物减少，性交时出现疼痛感，继而导致性生活次数减少或厌恶性生活的情绪发生。

5. 肿瘤易发

更年期为常见肿瘤的高发年龄，常见的有子宫肌瘤、子宫颈癌、卵巢肿瘤等。如能早些发现，早治疗，可提高治疗效果及患者生存率。

6. 骨质疏松

骨强度减弱，骨折易感性增加；骨代谢负平衡，平均每日丢失 50 毫克钙，常有腰腿痛、背痛、身高减低等，稍有用力即骨折。

7. 皮肤恶化

皮肤、毛发均发生明显变化，皮肤干燥，弹性逐渐消失，时有瘙痒；出现皱纹，特别是暴露处如面、颈、手等部位更为明显。

8. 肥胖

一般超过正常体重 15% ~20% 者为肥胖。此时是女性发胖的主要时期，尤其是腹部及臀部等处的脂肪最容易堆积起来。

9. 更年期抑郁症

焦虑不安、紧张恐惧，稍有惊动不知所措；情绪低落、悲观失望，常哭哭啼啼、自责自罪；主观臆断，猜疑他人，或是怀疑自己患某种病，尤其是“恐癌症”，甚至引起自伤、自杀等行为。

（五）女性更年期自测

女性更年期的先兆或早期症状比较明显，也可通过下述指标预测更年期。

1. 通过家族遗传进行预测

由于进入更年期的年龄与遗传因素有一定关系，所以，祖母、母亲、同胞姐姐出现更年期的年龄可以作为孙女、女儿、妹妹进入更年期年龄的预测指标。但此指标并不是绝对的，易受后天生活条件、环境、气候、社会因素、药物、疾病等因素的影响，使更年期提前或推迟。

2. 从初潮年龄预测更年期年龄

多数人观察确认，月经初潮年龄与更年期年龄是负相关。即初潮年龄愈早，更年期（绝经）年龄愈晚；相反，初潮年龄愈晚，更年期年龄则愈早。

3. 月经紊乱现象

月经紊乱为最终绝经前的月经表现形式，常有逐渐发生绝经、间断性绝经、突发性绝经等表现形式。绝经是进入更年期的重要指标之一。

4. 更年期的先兆

妇女进入更年期之前一般都有某些症状，如平时月经较准，经前也无特殊不适，而突然在某次月经前发生乳房胀痛、情绪不稳定、失眠多梦、头痛、腹胀、肢体浮肿等经前期紧张症候群。另外，出现烦躁、焦虑、多疑等情绪。精神方面的改变，也是步入更年期的先兆。

通过以上预测方法和自己身心的具体感受，大多数妇女可以知道自己是否已进入了更年期。

［案例］

50 多岁的刘先生，是杭州一家公司的部门经理。在家人和同事们的印象中，他一向人缘很好，性格温和，且身体一直很棒，一年有三分之一时间都在外面跑，照样精力充沛。

但近一年来，老刘好像变了个人似的，脾气越变越坏，动不动就发火，身体总是感觉疲劳，工作时精神不济，办事效率下降。一次，与老客户谈业务，很普通的价格问题，一时定不下来，居然使老刘大为光火，竟破天荒地口吐脏话情绪激动，令客户很是吃惊。洽谈自然不欢而散。

昨日，在省人民医院，老刘被专家初步诊断为“更年期综合征”。

［专家门诊］

目前大多数学者认为，男女更年期发生机理相似，诊断男性更年期综合症，需根据典型的临床表现和人体内部的睾丸酮水平。该病主要是归咎于体内睾丸酮水平的下降，由于年龄增长，睾丸萎缩，睾丸酮分泌减少所致。但值得注意的是，男性不会出现女性绝经前更年期开始的明显信号，症状不如女性明显。

需要指出的是，只有约30%男性在40至70岁时会经历男性更年期的临床症状。体内的睾丸酮水平也因人而异，减退是缓慢渐进的，存在较大个体差异，没有类似女性“绝经期”的一个绝对“绝雄期”。

事实上，除了年龄因素外，环境污染，不良嗜好如吸烟、喝酒，还有过度劳累等，也会影响男性体内的睾丸酮分泌。因而，进入更年期的男性，更需关爱自我，注重保健，建立合理的生活方式，同时要有适当锻炼、科学的膳食、平衡的营养、充足的休息和乐观的心态。一旦出现异常情况，则应到正规医院专科门诊诊治。

（六）更年期如何调整行为，宣泄不良情绪

现代医学认为，人的情绪轻松愉快时，脉搏、血压、胃肠蠕动、新陈代谢都处于平稳协调状态，体内的免疫活性物质分泌增多，抗病能力增强；不良情绪可导致高血压、冠心病、溃疡甚至癌症的发生。

更年期人们由于性腺功能下降导致神经系统受到影响，除出现较多的生理症状外，还出现了心理活动的变化。如：人生转变期情绪易波动而不稳定、敏感、多疑、好冲动、烦躁、易怒、紧张、焦虑、坐立不安、注意力不集中、失眠，少数人出现明显的抑郁。

那么，在更年期如何调整行为，宣泄不良情绪呢？应该考虑做到以下几点。

（1）养成胸怀坦荡、乐观知足的性格。俗语说“五十而知天命”，也就是说人活到50岁了，就能知道天地万物的道理，能够掌握自己的命运。处于更年期的人们工作生

活了几十年，为事业、家庭付出了巨大的努力。但付出与收获并不一定都成正比，往往有不公平、不顺心的事情发生，往往是顺境与逆境交替，失败与成功并存，欢乐与苦恼同在。一定要胸怀坦荡，宽厚为怀，不要斤斤计较、患得患失，应懂得自得其乐、知足常乐，始终保持积极坦然的心态。

（2）提高转移矛盾、化解危机的能力。更年期是一生中变化比较剧烈的时期，多种生活事件交织在一起，必然会产生诸多矛盾。更年期中要正确对待发生的心理冲突，伤心、焦虑、生气时，要以静制动，认真分析，调节情绪，设法化解和缓和矛盾冲突，变不利为有利。俗语说“退一步海阔天空”，这样有利于保持精神愉快。

（3）维护良好的人际关系。更年期中的人在家庭中要赡养老人、培育子女，在单位要努力工作，与同事相处。这就要求扮演好各种角色，多理解、多宽容，维护好人际关系。当有不愉快之事发生时，能有亲朋听你诉说内心的憋闷，又能给予你帮助、安慰和支持。及时宣泄不良情绪，心情自然会舒畅得多。

（4）建立科学的生活方式。建立文明、健康、科学的生活方式，对于提高身体素质，防止积劳成疾至关重要。合理安排生活节奏，做到起居有常、睡眠充足、有劳有逸，学会在繁忙中求得休息。培养广泛的兴趣爱好，可以怡人情志，调和气血，利于健康。

二、警惕更年期综合征

更年期综合征（climactericsyndrome）是指由于更年期精神心理、神经内分泌和代谢变化，所引起的各器官系统的症状和体片综合征候群。

（一）男性更年期综合征

男性更年期综合征由于出现时间的不一致和体质、生活、精神等因素的影响，临床表现复杂多样，归纳起来主要有以下四个方面。

1. 精神症状

主要是性情改变，如情绪低落、忧愁伤感、沉闷欲哭，或精神紧张、神经过敏、喜怒无常，或胡思乱想、捕风捉影、缺乏信任感等。

2. 植物神经功能紊乱

主要是心血管系统症状，如心悸怔忡、心前区不适，或血压波动、头晕耳鸣、烘热汗出；胃肠道症状，如食欲不振、腹脘胀闷、大便时秘时泄；神经衰弱表现，如失眠、少寐多梦、易惊醒、记忆力减退、健忘、反应迟钝等。

3. 性功能障碍

常见性欲减退、阳痿、早泄、精液量少等。

4. 体态变化

全身肌肉开始松弛，皮下脂肪较以前丰富，身体变胖，显出“福态”。

西医疗法

男性更年期是一种老化的过程。如果男士能够了解更年期的过程，并在心理上得到支援，大部分的男士都能顺利应付更年期所带来的改变。如果男士受到更年期症状困扰的话，医生会考虑处方男性荷尔蒙补充治疗。

医生会对患者作出验血及身体检查，看看是否适合治疗。男性荷尔蒙补充治疗的目的，是减少或预防因男性荷尔蒙下降所带来的改变。

处方适量的男性荷尔蒙会改善性欲及勃起功能，改善身体的肌肉与脂肪比例，改善骨质密度，改善认知能力。

男性荷尔蒙补充治疗包括口服胶囊、注射或皮肤贴。男性更年期的症状会在治疗后的三至六星期得到有效纾缓。

男性荷尔蒙补充治疗绝不可以用于以下两种情况：前列腺癌及男性乳癌；而有些情况亦不适宜接受这项治疗，例如肝病及心脏病。男性荷尔蒙补充治疗只能在医生的指导下进行，擅自进行治疗会引致严重的副作用，例如阳痿及不育。

中医疗法

中医理论认为，男子更年期肾气逐渐衰少，精血日趋不足，而出现肝阴血亏，肾之阴阳失调，形成男子更年期的生理基础。多数男子通过脏腑之间的调节，能够顺利度过这一阶段而进入老年期。

由于更年期是一种生理特点，更年期综合征是各种因素影响这一生理特点而出现的病理现象，不同于睾丸激素低下出现的病理表现。应用雄性激素治疗会带来一系列副作用，如引起前列腺增生，诱发前列腺癌等。

中医通过升阴和阳，调整脏腑功能的偏盛偏衰，能较好地治疗本病。中医根据男性更年期“肾虚肝郁”特点，采用“升肾疏肝”法治疗男子更年期综合征，可取得满意疗效。如“二仙汤”（仙灵脾、仙芭、当归、巴戟无、知母、黄柏），阴阳同调，适应于肾阴阳两虚，治疗男子更年期综合征有很好的疗效；在此基础上，肾阴虚，选用二至丸、左归丸；肾阳虚，用右归丸；心虚胆怯、悲伤欲哭，加甘麦大枣汤；肝郁气结，用柴胡加龙骨牡蛎汤等。

（二）女性更年期综合征

女性更年期综合征，在生理方面，前期由于血管舒畅功能不稳定，表现出潮热、出汗、情绪易于激动、好哭和不能自主；后期则由于机体老化因素夹杂，泌尿生殖道萎缩，出现尿频、尿急或尿失禁，甚至膀胱炎反复发作、外阴瘙痒，阴道干燥刺痛、性交疼痛等。在心理方面，表现出精神上的倦怠、头晕、头痛、抑郁、失眠和性欲改变等。

具体说来，女性更年期的临床症状主要有以下表现。

1. 月经失调

月经从不规律到停止；月经周期延长，血量减少，间歇停经直至绝经；月经周期不规则，经期延长，血量增多，大出血或淋漓不止；突然绝经。

2. 植物性神经失调

一阵潮热涌向头颈部以至遍及全身，发热后出汗；

有时头晕，眼前发黑，心跳加快、胸闷；情绪不稳定，忧虑，记忆力减退，注意力不集中，爱发火，失眠，有时喜怒无常。

3. 新陈代谢障碍

身体渐渐发胖，脂肪常常堆积在腹部、臀部，由于血管弹性减退，容易出现血管硬化或梗塞；有时出现轻度或隐性糖尿病，自己不察觉。皮肤和皮脂腺萎缩，皮肤干燥，有时瘙痒。80%的妇女出现骨质疏松，腰酸背痛。

4. 生殖器官萎缩

阴道分泌物减少，性生活疼痛或性交困难。因生殖器黏膜变薄，抗菌能力下降，容易导致泌尿生殖道细菌感染。

应对策略

（1）加强饮食调理

多食豆制品、新鲜蔬菜和水果，每日热量维持在2000kcal（8668kj）左右，少食糖和脂肪食品，尤须限制动物脂肪与肥肉的摄入量。如果食欲不振、厌油腻，用红枣、桂圆加红糖熬汤服，也可用红枣、赤豆熬粥食用，连服10～14天。

（2）坚持服用维生素

如金维他，每天1～4次，每次1片；维生素B_6，每天3次，每次20毫克；维生素E，每天3次，每次50～100毫克。

（3）其他药物

适当服用谷维世、安定，以控制心慌、烦躁等症状。必要时短期服用已烯雌酚，每天1次，每次0.1～0.5毫克，可暂时改善症状；但不宜久用，以短期间断应用为

好，如服药一周，停药一周，再服一周，再停服一周。适用于症状较重的女性患者。目前国产雌激素贴片已被广泛应用，据报道有效率达90%以上，对子宫内膜和乳腺的影响甚小。

中药治疗有较好的效果，可常用六味地黄丸、甘麦汤等。

(4) 针灸疗法

用艾条灸足三里、三阴交、内关等穴位，每晚一次，每次选用一侧穴位中的1~2个穴位即可。

女性更年期综合征自我诊断评定表

症状	加权系数	无（0分）	轻（1分）	中（2分）	重（3分）
潮热出汗	4	无	<3次/日	3~9次/日	≥10次/日
失眠	2	无	偶尔	经常，用安眠药有效	影响工作生活
烦躁易怒	2	无	偶尔	经常，能克制	经常不能克制
忧郁多疑	1	无	偶尔	经常，能克制	失去生活信念
性交困难	2	无	偶尔	性交痛	性欲丧失
关节肌痛	1	无	偶尔	经常，不影响功能	功能障碍
眩晕	1	无	偶尔	经常，不影响生活	影响日常生活
乏力	1	无	偶尔	上四楼困难	影响日常生活
头痛	1	无	偶尔	经常，能忍受	需治疗
皮肤感觉异常	2	无	偶尔	经常，能忍受	需治疗
泌尿系统症状	2	无	偶尔	>3次/年	>1次/月
心悸	1	无	偶尔	经常，不影响生活	需治疗

说明：

评分：每项所得四级评分×该项加权系数后之和。

分级：>35分为重度，20~35分为中度，<20分为轻度。

（三）科学合理地安排生活，顺利地度过更年期

1. 建立有规律的生活制度

饮食、睡眠、学习、工作等都要有规律有节奏，不能工作或娱乐至深夜，第二天又不起床，随意安排一天的生活。

要适当控制进食量，少食过甜和含脂肪高的食品，以防肥胖。同时，应多食高蛋白的食物，如鱼、瘦肉、豆制品、花生；多吃含钙较高的食物，如牛奶、乳制品、小鱼、虾、蟹和蛋类，以增加人体含钙量，防止出现骨质疏松症；多吃含纤维素高的水果和蔬菜，如香蕉、梨、芹菜、韭菜、白菜，以促进肠蠕动，防止便秘。

2. 多参加有益的文体活动

适当的运动能保持骨骼、韧带的弹性和力量，改善神经系统的兴奋性和灵活性，改善消化系统功能，使精神振奋，心情愉快，有利于提高身心健康。多参加有益的文体活动，可以起到既活跃生活，又增强体质、延缓衰老的效果。锻炼的具体方法有慢跑、散步、骑自行车、打太极拳等。

多方面的情趣爱好，可以分散更年期出现的对各种症状的注意力，减轻不适感。平时要注意培养自已的业余爱好，如养花、养鸟、养鱼、书法、绘画、编织，这不仅能够转移对病症的注意力，而且能以“静”的习惯克服“躁”的不良情绪。

3. 多参加有益的社交活动

多交朋友，防止孤独与寂寞，有助于克服抑郁、焦虑

的情绪。同时，遇到令人头痛的事情产生不良情绪时，不要憋闷在心里，而应想办法将其发泄出来。

4. 心理疏泄的两种方法

一种方法是自我劝导、自我解脱，就是换一个角度思考可以得出一个完全新的结论。比如有一些事情从这个角度看是坏事，而从另一个角度看，有可能是好事。变换角度思考问题是自我解脱的一个很好的办法。

另一种方法是借助他人进行情绪释放。心里郁闷，可以找自己的同乡、同学、知心朋友发泄，或者大哭一场，把心里的忧郁发泄出来，会顿觉轻松。由于是亲朋好友，对方不但不会计较你的过分言词，而且还会给以安慰和劝导。这可以更好地协调家庭生活，减少矛盾和不良刺激，防止情绪波动。

5. 学会控制情绪

由于人的精神因素可通过神经、体液的调节引起生理功能的变化，因而调整心态，稳定情绪，并树立自我信心，建立和睦的家庭和人际关系是更年期保健措施的重要内容。处于更年期的男女，应该学会控制情绪，解除忧愁，放弃成见，顺从别人安排，遇事不忘超脱，退一步思考。

(1) 了解一些有关疾病的常识

定期参加体检，做到早发现疾病早诊治。更年期后，妇女肿瘤的发生率增高，应定期做妇科检查，以达到早期防治肿瘤的目的。对更年期后的出血，千万不可疏忽大意，一旦有异常现象，要及时诊治。

在某些情况下，性激素替代治疗也是必要的，可纠正因激素不足而导致的更年期心理及器官功能失调，以保持健康的生理状态。但是要警惕药物依赖。

（2）有规律、正常的性生活

有规律、正常的性生活是男女双方顺利度过更年期的重要内容。要消除传统观念的束缚，凡处于更年期的男女，如身体无严重疾病时，均可过正常的性生活；但不可纵欲，也不要因性欲或性功能减退而忧心忡忡。临床上常常见到由于长时间避免过性生活的男性，在试图恢复性生活时，常常自己不能勃起。所以，有规律、正常的性生活是非常必要的。由于雌激素缺乏引起阴道上皮萎缩，失去润滑性而造成性交困难或疼痛时，可用润滑剂或服用雌激素（在医生的指导下），同时注意会阴部清洁，避免泌尿系统感染。

（3）讲究更年期个人卫生

口腔卫生：进入更年期，牙齿开始松动，咀嚼功能下降，应养成好的口腔卫生习惯。

皮肤卫生：更年期，由于皮肤的保护作用减弱，要常洗澡，勤换内衣；不用肥皂洗澡，以防体脂过多失去，引起感染。

外阴卫生：应每天冲洗外阴部，以保持清洁与舒适。

从现实家庭来看，在年龄上一般是男方比女方大1～5岁；从生理上来说女性更年期来的较男性早一些。大多数夫妻往往是同步进入更年期，这一时期的情绪相对不稳定容易发火；同时进入更年期的夫妻互相上火发怒，将会使得家庭失去和谐与安宁。

在遇到重大事情时，要共同商量，尊重对方意见，妥善协商解决。生了气，最好的方法是什么措施也不采取，任其不了了之，事过境迁，慢慢会淡忘的。在易怒时，应冷静分析一下发怒的原因，想想怎样使自己不过分激动；要设身处地替对方想一想，或许他（她）有其苦衷。心理学家建议，对容易发怒的人宜采取“幽默疗法”，因为谁也不会一边情不由已地纵情大笑，一边还保持着闷闷不乐的心情。

（四）近期心理、生理衰老几率测试

心理学家认为，社会动荡会不同程度地影响人体健康，并引发某些疾病的发生，从病理与心理上导致人的衰老。病理衰老会给人体带来很大伤害，若能事前进行有效预防，在生活中保持积极心态，并善于控制负面情绪的影响，十分有助于延年益寿。

生活变动事件	单位
配偶死亡	100
经常生病	40
夫妻分居	65
亲密家庭成员死亡	63
再婚	50
借债（相当于本人一年工资）	31
婚姻关系重归于好（复婚）	45
性生活不适（阳痿、早泄、阴冷）	39
夫妻争端方面变化较大	35
与属下分歧很大	23
家庭纠纷	29
子女生重病	45

坐牢	63
解雇	47
受伤重病	53
增加新家庭成员	39
子女自立门户	29
生活改变	25
改行或改变工作	20
习惯改变	24
轻微违纪行为	11
离婚	73
家有病人	45
突出成就	29
退休或离休	26

评分规则

以上的生活变动事件如果您曾经历过，请将其右边对应的数字进行相加，然后算出总分单位。

测试报告

150 单位以下者：

您可以尽管放心，近期内您的生理和心理不会过于衰老。当然要留心防预传染性疾病给身体器官带来的病变性衰老。

150 ~ 300 单位者：

您受到的精神刺激较大，容易从心理上引起萎靡而衰老，有致病的可能性，要有精神准备，及早防范，放宽精神。

300 单位以上者：

您近期衰老的可能性很大，要学会控制情绪，精神不要处于紧张状态，以免发生不测。

[案例]

河北省张家口市宣化区大东门王女士，今年45岁了，最近心情极其糟糕。她说："我要恢复原来的身材，为了减肥，主要是通过节食的方法。这样减肥了一年时间后，我一见到饭菜，虽然肚子很饿，想吃东西，但是不敢吃，也吃不下，结果我的体重越来越轻。到医院去看，医生说得了神经性厌食症。我现在很瘦，前几年就已经闭经了。请问怎样才能治好我的病？"

[专家门诊]

作为女性，谁不想永远拥有姣好的身材、动人的容颜？谁不想永远生活在青春美好的璀璨季节？然而，随着岁月流逝，当步入更年期时，体形仿佛一夜间就发生了剧变，臃肿了，发福了，真让人沮丧。但是这是自然规律，要坦然对待啊！要知道女性在每个阶段都会有不同风格和内涵的美。那么，朋友们应该知道更年期妇女为什么会很快发福。

妇女发胖有三个时期，即青春期、孕产期及更年期。但更年期后尤为突出。这与妇女进入更年期后卵巢功能衰退、雌激素分泌减少有密切关系。雌激素对促进体内脂肪代谢和防止高脂血症的形成具有十分重要的作用。随着雌性激素水平的逐渐降低，出现一系列脂肪代谢的改变以及高脂血症，造成人容易发胖。此外，还有以下一些原因。

(1) 家族遗传。如果父母是肥胖体质，随基因不同而呈显性和隐性遗传，也容易发生肥胖。

(2) 新陈代谢障碍。热量需要减少。进入更年期后的妇女，人体组织细胞逐渐减少，但脂肪组织逐渐增加，加上随着年龄的增长以及体力下降的原因，活动量也相对减少，热量需要的少了，基础代谢也降低，体内储存的蛋白质、脂肪相对增多而引起肥胖。

(3) 营养过剩。更年期妇女的家务负担随着子女长大成人而骤然减轻，会出现许多空闲。也许是饮食习惯的改变，也许是填补空虚和寂寞，变得爱吃零食了，进一步增加热量，更促使机体发胖。

(4) 缺乏锻炼。由于年龄的增长，还有精力、体力及其他一些因素，愈来愈疏于运动，致使机体内能量的消耗减少，多余的能量堆积在皮下，逐渐肥胖。

(5) 病理性因素。甲状腺机能低下，水潴留，皮质醇增多以及痛性肥胖等。

一般超过正常体重15% ~20%者为肥胖，也就是说，约大于理想体重10公斤即可确定为肥胖。肥胖对健康不利，可致心脏承受负担过重，机体免疫力下降，常诱发高血压、心血管病、动脉粥样硬化、糖尿病、结石以及肺功能不全等病，疾病的死亡率也增高。所以对肥胖应引起重视。但是更年期妇女切忌过度节食减肥，因为据最新研究发现，过度减肥使中老年妇女髋骨骨折的危险性显著增加。而要防止更年期发胖，最好通过适当控制饮食和坚持体育锻炼来达到。关于王女士的烦恼，北京中医医院消化内科主治医师建议如下：

1. 排除器质性疾病，可做胃镜、上消化道造影、B超等检查。

2. 如不是器质性疾病，根据来信描述可明确为神经性厌食症。发病与患者节食有关，引起了神经内分泌功能失调、胃排空延迟及运动障碍表现，如闭经、食欲不振。

3. 患者应首先解决思想问题，正视疾病，对饮食、体重、疾病间的关系有正确认识，必要时可咨询心理门诊。

4. 根据自身情况调整饮食，先从清淡易消化、少食多餐开始，以心理能接受、感到舒适为度。如实在不能进食，可到医院接受肠内营养治疗，到时可按医嘱安排，逐渐过渡到正常饮食。

5. 中医理论中此病属胃痞、嘈杂、纳呆等病症的范畴。应根据临床表现，个体化地辨证诊治。如肝胃失和、情感失调者用舒肝理气、健脾和胃法；脾胃虚弱者用益气养脾、升清降浊法。虽然此病会造成患者严重营养不良，可引起严重后果，但只要患者端正认识，解除思想顾虑，配合治疗，充满信心，愈后还是良好的。

（五）更年期需要预防大脑衰老

大脑衰老的改变，是机体衰老的最早和最主要的表现，记忆力往往会相应地减退，对近期发生的事情容易遗忘，并且出现丢三落四的现象。要想使中年人的记忆力不减退，保持聪慧的大脑，延缓大脑衰老，就要科学地健脑养脑。这些健脑养脑的活动包括：

1. 从报纸杂志上重新学习6000个词语、成语。

2. 研究自己的家庭成员，尝试写一份传记；或找一个过去不敢或没有机会和时间接触的题目，予以深入研究。

3. 替你喜欢的报纸，杂志写点意见或评论。

4. 再结识些新朋友，让自己受到青春活力的感染，保持心境永远年轻。

5. 积极开展思维活动，加速信息传递，保持健全而敏捷的思维能力。

话题2 老年无法逃避的变化

当人生步入老年，许多人开始感叹体力与心境的改变，觉得自己垂垂老矣；许多事迫于体力不支而无法作为，许多事因为自己“糊涂”而让家人不放心。因此，许多老年人觉得自己没用，产生了悲观厌世的心理，甚至动了轻生的念头。请看小刘最近的烦恼。

老年人无故腿肿是什么原因

我父亲54岁了，最近3个多月总是咳嗽，可也没感冒什么的。最近腿又肿了，去医院查了，肾也没毛病，五脏等别的也正常。就右腿肿，眼睛肿，左腿一点事也没有。平常如果休息好了，也能消肿，一旦累了就又肿了。并且我父亲向来睡眠很好，躺下就睡着。但是最近休息很差，得40分钟到1个小时才能睡着；睡觉也不深，总是做梦，睡眠质量很差。我父亲有糖尿病，6年了，血糖8点多。老人无故腿肿是什么原因呢？

一般情况下，浮肿常是心脏病、肝病、肾病、内分泌等疾病的信号。但有些浮肿并非是疾病的表现，而是一种生理反应。专家指出，对特发性浮肿、体位性浮肿、经前期浮肿、药物性浮肿几类浮肿不必担心，更不必乱用药。但如果是疾病所致浮肿，则应积极治疗原发病。其实，对老年人的一些变化只要我们掌握了且懂得其原因，就没有什么可怕了。老年朋友们也应该正视自己生理与心理上发生的变化，积极地采取有效的措施让自己变得更加年轻。

一、老年期的生理变化

衰老与一般健康水平有关，不同时代、不同地区的人，衰老进度也不同。多数人的衰老变化在40岁左右逐渐发展，60岁左右开始显著。因此，从医学、生物学的角度，规定60岁或65岁以后为老年期，其中80岁以后属高龄，90岁以后为长寿期。

对于老年期的规定，发达国家与发展中国家也有着明显的不同。这主要是受到社会经济乃至国家政策（如退休政策）的影响。欧美、日本等发达国家多以65岁为老年的标准，一些发展中国家则多以60岁为标准。中华医学会老年医学学会曾于1982年根据中国国情及传统概念，建议规定以60岁以上为老年。

老年人的特点是结构功能多趋向衰退，但在智力方面一般并不减退，特别在熟悉的专业或事物方面，智能活动不但不减退还有增加。老年期有消极的一面，也有积极的一面。解决老年期的问题，要从两方面入手，一是从物质和精神上解决老年人的需求；二是通过各种方式，组织发挥老年人的潜力，继续为人类社会作贡献。

（一）生理性衰老的主要表现

1. 人体结构成分的衰老变化

（1）水分减少

60岁以上老年人全身含水量男性为51.5%（正常为60%），女性为42%～45.5%（正常为50%），细胞内含水量由42%降至35%，所以老年人用发汗退烧药要注意发生脱水。

（2）脂肪增多

随着年龄的增长，新陈代谢逐渐减慢，耗热量逐渐降低，因而食入热量常高于消耗量，所余热量即转化为脂肪而储积，使脂肪组织的比例逐渐增加，身体逐渐肥胖。人体脂肪含量与水含量呈反比，脂肪含量与血总胆固醇含量呈平行关系，因此血脂随增龄而上升。

（3）细胞数减少，器官及体重减轻

细胞减少随增龄而逐渐加剧。75 岁老人组织细胞减少约 30%。由于老年人细胞萎缩、死亡及水分减少等，致使人体各器官重量及体重减轻，其中以肌肉、性腺、脾、肾等减重为明显。细胞萎缩最明显的是肌肉，肌肉弹性降低、力量减弱，易疲劳。老年人肌腱、韧带萎缩僵硬，致使动作缓慢，反应迟钝。

（4）器官功能下降

主要表现在各器官的储备能力减少、适应能力降低和抵抗能力减退等。

2. 老化性代谢（三大代谢）平衡失调

在代谢上，青年期的特点是进行性、同化性和合成性；而老年期的特点则是退行性、异化性和分解性，这种倾向通常在衰老症状出现前就已开始了。

（1）糖代谢的变化

老年人糖代谢功能下降，有患糖尿病的倾向。研究证明，50 岁以上糖代谢异常者占 16%，70 岁以上异常者占 25%。

（2）脂代谢的变化

随机体的老化，不饱和脂肪酸形成的脂质过氧化物易积聚。后者极易产生自由基，血清、脂蛋白也是自由基的来源，随年龄的增长，血中脂质明显增加，易患高脂血症、动脉粥样硬化、高血压及脑血管病。

(3) 蛋白质代谢的变化

蛋白质代谢的衰老变化是人体生理功能衰退的重要物质基础，随着增龄血清白蛋白含量降低，总球蛋白增高，而且蛋白质分子可随增龄而形成大而不活跃的分子，蓄积于细胞中，致使细胞活力降低，功能下降。老年人蛋白质代谢分解大于合成，消化、吸收功能减退。随年龄的增长，各种蛋白质的量和质趋于降低。蛋白质轻度缺乏时，可出现易疲劳、体重减轻、抵抗力降低等症状；严重缺乏时则可引致营养不良性水肿、低蛋白血症，及肝、肾功能降低等。但老年人长期过量的高蛋白饮食，可增加功能已减退的肝、肾等器官的负担。随着增龄，在蛋白质合成过程中易发生翻译差错，导致细胞的衰老与死亡。

(4) 无机物代谢的变化

老年人细胞膜通透功能减退，离子交换能力低下，最显著的无机物异常代谢表现为骨关节性，尤以骨质疏松为甚。

3. 呼吸系统的老化

(1) 鼻

鼻软骨弹性减低，黏膜及腺体萎缩，鼻腔对气流的过滤和加温功能减退或丧失，加重下位气道的负担，使整体气道防御功能下降。

(2) 咽

咽黏膜和淋巴细胞萎缩，易于引起上呼吸道感染。

(3) 气管、支气管

支气管黏膜萎缩，弹性组织减少，纤维组织增生，黏膜下腺体和平滑肌萎缩，支气管软骨钙化、变硬，管腔扩张；小气道状细胞数量增多，分泌亢进，黏液潴留，气流阻力增加，易发生呼气性呼吸困难，常使小气道萎陷、闭合。由于管腔内分泌物排泄不畅，发生感染的机会增多，内径变大呈桶状。

（4）胸廓

胸廓因肋骨、脊柱钙化而变硬，黏膜上皮及黏液腺退化，管腔扩张，前后径变大呈桶状。

（5）肺

肺泡壁变薄，泡腔扩大，弹性降低，肺组织重量减轻；呼吸肌萎缩，肺弹性回缩力降低，导致肺活量降低，残气量增多，咳嗽反射及纤毛运动功能退化，老年人咳嗽和反射机能减弱，使滞留在肺的分泌物和异物增多，易感染。

4. 循环系统的老化

（1）心脏

心脏增大，80 岁左心室比 30 岁时增厚 25%；心肌细胞纤维化，脂褐素沉积，胶原增多，淀粉样变，心肌的兴奋性、自律性、传导性均降低；心瓣膜退行性变和钙化，窦房结 P 细胞减少，纤维增多，房室结、房室束和和束支都有不同程度的纤维化，导致心脏传导障碍。

（2）血管

随着年龄的增长，动脉内膜增厚，中层胶原纤维增加，造成大动脉扩张而屈曲，小动脉管腔变小，动脉粥样硬化。由于血管硬化，可扩张性小，易发生血压上升及体位性低血压。

5. 消化系统的老化

（1）口腔

牙龈萎缩，齿根外露，齿槽管被吸收，牙齿松动；牙釉质丧失，牙易磨损、过敏。舌和咬肌萎缩，咀嚼无力，碎食不良，食欲下降，唾液腺的分泌减少，加重下消化道负担。

（2）食管

肌肉萎缩，收缩力减弱，食管颤动变小，食物通过时间延长。

（3）胃

胃黏膜及腺细胞萎缩、退化，胃液分泌减少，造成胃黏膜的机械损伤。黏液碳酸氢盐屏障的形成障碍，导致胃黏膜易被胃酸和胃蛋白酶破坏，减低胃蛋白酶的消化作用和灭菌作用。促胰液素的释放降低，使胃黏膜糜烂、溃疡、出血，营养被夺，加之内因子分泌功能部分或全部丧失，失去吸收 vitB12 的能力，致巨幼红细胞性贫血和造血障碍。平滑肌的萎缩使胃蠕动减弱，排空延迟，引发便秘。

（4）肠、小肠

肠绒毛增宽而短，平滑肌层变薄，收缩蠕动无力，吸收功能差。小肠分泌减少，各种消化酶水平下降，致小肠消化功能大大减退。结肠黏膜萎缩，肌层增厚，易产生憩室，肠蠕动缓慢无力，对水分的吸收无力。大肠充盈不足，不能引起扩张感觉等，造成便秘。

（5）肝

肝细胞数减少，变性结缔组织增加，易造成肝纤维化和硬化。肝功能减退，合成蛋白能力下降；肝解毒功能下降，易引起药物性肝损害。由于老年人消化吸收功能差，易引起蛋白质等营养缺乏，导致肝脂肪沉积。

(6) 胆

胆囊及胆管变厚，弹性减低，因含大量胆固醇，易发生胆囊炎、胆石症。

(7) 胰

胰腺萎缩，胰液分泌减少，酶量及活性下降，严重影响淀粉、蛋白、脂肪等消化和吸收；胰岛细胞变性，胰岛素分泌减少，对葡萄糖的耐量减退，增加了发生胰岛素依赖型糖尿病的危险。

5. 泌尿系统老化

(1) 肾

肾重量减轻，间质纤维化增加；肾小球数量减少，且玻璃样变、硬化；基底膜增厚，肾小管细胞脂肪变性，弹性纤维增多，内膜增厚，透明变性，肾远端小管憩室数随增龄而增加，可扩大成肾囊肿。肾单位减少，70 岁以后可减少 1/2 ~ 1/3。肾功能衰减，出现少尿、尿素，肌酐清除率下降，肾血流量减少，肾浓缩、稀释功能降低。肾小管分泌与吸收功能随增龄下降，肾小管内压增加，从而减少有效滤过，使肾小球滤过率进一步下降。肾调节酸碱平衡能力下降，肾的内分泌机能减退。

(2) 输尿管

肌层变薄，支配肌肉活动的神经减少，输尿管弛缩力降低，使泵入膀胱的速度变慢，且易反流。

(3) 膀胱

膀胱肌肉萎缩，纤维组织增生，易发生憩室；膀胱缩小，容量减少，残余尿增多，75 岁以上老年人残余尿可达

100ml。随增龄膀胱括约肌萎缩，支配膀胱的植物神经系统功能障碍致排尿反射减弱，缺乏随意控制能力，常出现尿频或尿意延迟，甚至尿失禁。

（4）尿道

尿道肌萎缩，纤维化变硬；括约肌松弛，尿流变慢，排尿无力，致较多残余尿，以致尿失禁。由于尿道腺体分泌减少，男性前列腺增生，前列腺液分泌减少，使尿道感染的发生率高。

6. 内分泌系统的老化

（1）下丘脑

下丘脑是体内植物神经中枢。一些学者认为“老化钟”位于下丘脑，其功能衰退，使各种促激素释放激素分泌减少或作用减低，接受下丘脑调节的垂体及下属靶腺的功能也随之发生全面减退，从而引起衰老的发生与发展。随增龄下丘脑的受体数减少，对糖皮质激素和血糖的反应均减弱，对负反馈抑制的阈值升高。

（2）垂体

随增龄垂体纤维组织和铁沉积增多，下丘脑——垂体轴的反馈受体，敏感性降低。

（3）甲状腺

老年人甲状腺重量减轻，滤泡变小，同化碘的能力减弱，T3 水平降低，血清抗甲状腺自身抗体增高，甲状腺在外周组织的降解率降低，垂体前叶促甲状腺激素释放激素（TRH）刺激的反应性亦降低。

（4）甲状旁腺

老年人的甲状旁腺细胞减少，结缔组织和脂肪细胞增厚，血管狭窄，PTH（甲状腺素）的活性下降，Ca^{2+}转运减慢，血清总钙和离子钙均比年轻人低。老年妇女由于缺乏能抑制 PTH 的雌激素，可引起骨代谢障碍。

（5）肾上腺

老年人肾上腺的皮、髓质细胞均减少，不论性别，随增龄肾上腺皮质的雄激素分泌皆直线下降，使老年人保持内环境稳定的能力与应激能力降低。

（6）性腺

男性 50 岁以上，其睾丸间质细胞的睾丸酮分泌下降，受体数目减少，或其敏感性降低，致使性功能渐减退。女性 35～40 岁雌激素急剧减少，60 岁降到最低水平，60 岁以后稳定于低水平。

（7）胰腺

随增龄胰岛功能减退，胰岛素分泌减少，细胞膜上胰岛素受体减少和对胰岛素的敏感性降低，致 65 岁以上老人 43% 糖耐量降低，糖尿病发生率高。

（8）松果体

松果体有副垂体之称。老年人垂体产生的胺类和肽类激素减少，使其调节功能减退，下丘脑敏感阈值升高，对应激反应延缓。

7. 免疫系统的老化

随着年龄的增大，人体免疫功能与机体衰老呈平行下降。

（1）胸腺

老年期胸腺明显萎缩，血中胸腺素浓度下降，使 T 细胞分化、成熟和功能表达均相应极度降低。

（2）T细胞

在抗原刺激下转化为致敏淋巴细胞的能力明显减弱，对外来抗原的反应减弱。

（3）β细胞

β淋巴细胞对抗原刺激的应答随增龄而下降，抗原和抗体间的亲和力下降；需要T细胞协助的体外免疫应答，也随增龄而下降。

（4）自身免疫

老年人自身免疫功能大大增加，免疫细胞的识别能力随增龄而减弱，除攻击外来病原体外，还攻击自身组织，引起机体衰老死亡。

8. 运动系统的老化

（1）骨老化

骨老化的总特征是骨质吸收超过骨质形成。抽皮质变薄，髓质增宽，胶质减少或消失；骨内水分增多，碳酸钙减少，骨密度减低，骨质疏松，脆性增加，易发生骨折、肋软骨钙化、易断。老年人骨质畸形，越老越变矮。

（2）关节老化

老年人关节软骨含水量和亲水性粘多糖减少，软骨素亦减少，关节囊滑膜沉积磷灰石钙盐或焦磷酸盐而僵硬，滑膜萎缩、变薄，基质减少；液体分泌减少，关节软骨、滑膜钙化、纤维化而失去弹性；血管硬化，供血不足，加重变性；韧带、腱膜、关节素纤维化而僵硬，使关节活动受到严重影响，引起疼痛，骨质增生形成骨刺。

（3）肌肉老化

随着年龄的增大，肌细胞水分减少，脂褐素沉积增多；肌纤维变细，重量减轻；肌肉韧带萎缩，耗氧量减少，肌力减低，易疲劳，加之脊髓和大脑功能衰退，活动减少，反应迟钝，笨拙。

（二）其他的一些衰老变化

1. 适应能力的变化

老年人对内外环境改变的适应能力下降，体力活动时易心慌气短，活动后恢复时间延长。对冷、热适应能力减弱，夏季易中暑，冬季易感冒。一些年轻人很易应付的体、脑力劳动，老年人常难以负担。

由于对体位适应能力减退，老年人血压波动大。老年人代谢能力低下，如经口或静脉注射葡萄糖负荷或静脉注射钙负荷，其高血糖或高血钙均持续时间较长，可见老年人的内环境稳定性较年轻人低。

2. 皮肤系统的生理性老化

皮肤是保持身体正常生理活动的第一道防线，从面积和含量而论，皮肤是人体最大的器官。老年人皮肤的触痛、温觉减弱，表面的反应性减弱，对不良刺激的防御等功能降低，再生和愈合能力减弱。通常在 40 岁左右皮肤开始出现老化特征。

老年人皮肤因皮脂腺分泌减少而无泽易裂，瘙痒。由于表面粗糙、松弛、弹性降低而出现皱纹；下眼睑肿胀，形成眼袋。皮肤毛细血管减少，变性，脆性增加，易出血（老年性紫癜）。随增龄皮肤神经末梢的密度显著减少，致皮肤调温功能下降，感觉迟钝；脂褐素沉积形成老年斑。

3. 感觉的生理性变化

随增龄衰老机体的细胞数减少。组织器官发生退行性变，致多种生理功能减退。如听力下降，视力减退，视野变小，嗅觉不灵，感觉迟钝，行动迟缓，步履蹒跚；对周围环境的适应能力降低，易发生感染性疾病。因而人们会用“老态龙钟”、“老气横秋”等形容词来形容老年人因衰老所表现出的缺乏朝气的表现。

4. 神经精神系统的老化

一般认为，人出生后脑神经细胞即停止分裂；自20岁开始，每年丧失0.8%，且随其种类、存在部位等的不同而选择性减少。60岁时大脑皮质神经和细胞数减少20%～25%，小脑皮质神经细胞减少25%。70岁以上老人神经细胞总数减少可达45%，脑室扩大，脑膜增厚，脂褐素沉积增多，障碍细胞的代谢，脑动脉硬化；血循环阻力增大，脑供血减少，耗氧量降低，致脑软化，约半数65岁以上的正常老人的脑部都可发现缺血性病灶。

老年人脑多种神经递质的能力皆有所下降，导致老年人健忘，智力减退，注意力不集中，睡眠不佳，精神性格改变，动作迟缓，运动震颤，痴呆，等等；脑神经突触数量减少，发生退行性变；神经传导速度减慢，导致老年人对外界事物反应迟钝，动作协调能力下降。

随着年龄的增长，植物神经变性，功能紊乱，导致体液循环，气体交换物质吸收与排泄，生长发育和繁殖等内脏器官的功能活动的平衡失调；老年人的触觉，本体觉、视觉、听觉的敏锐性均下降，味、嗅觉的阈值明显升高，向中枢的传导信号明显减少，从而使老年人的劳动能力下降，只能从事节律较慢的活动和较轻的工作。

（三）食疗治疗老年浮肿效果好

预防老年浮肿选择食物时，应以含有丰富的蛋白质、维生素及无机盐，低脂肪、低胆固醇，少糖、少盐为原则。芹菜、萝卜、菠菜、西红柿、大豆、蘑菇、大蒜、水果以及豆制品等食物可多吃一些。治疗老年浮肿可以具体参考以下食疗法。

1. 赤小豆、花生、大枣各100克，放少许冰糖一起煮汤食用。

2. 绿豆、薏米仁各100克，同煮汤食用。

3. 鲤鱼1条重约250克，赤小豆100克，一起煮汤服用。

4. 母鸡半只或童子鸡1只，与黄芪100克一起蒸熟，喝汤吃鸡肉。

5. 青头雄鸭1只，与冬瓜1000克一起煮汤食用。

6. 猪腰2只，杜仲10克，核桃仁50克，一起煮汤食用。

7. 鲤鱼1条重250克，冬瓜500克，加水清炖，吃鱼食瓜喝汤。

8. 冬瓜500克，赤小豆30克，加水适量，加盐少许，吃瓜喝汤。

9. 玉米须、冬瓜皮、赤小豆各适量，煎汤代茶饮，连服至浮肿消失。

对于生理性浮肿，老年朋友要做到以下几点：

1. 保持乐观情绪，长期坚持适当锻炼，如散步、慢跑、健身器械锻炼等，以增强体质，提高适应能力。

2. 避免久坐久站，经常活动下肢，并注意经常上抬两下肢。

3. 保证良好的睡眠，起居有规律。

（四）体力年龄自我测试

一个人的年龄与其体力状况上反映出来的衰老程度（即体力年龄）之间也是绝对不能画等号的。在我们的生活中会有这种现象：有的人已经年过半百，但仍然精神矍铄，体力旺盛；有的人虽然年纪轻轻，却已经未老先衰，体力虚弱了。这充分说明了人的实际年龄与体力年龄完全是两回事。那么，怎样才能知道自己的体力年龄呢？请根据下面各题的要求进行体力测试，然后选择与自己相符的选项并在其字母序号上打钩。

1. 体前屈弯腰动作（测试您的身体柔软度程度）：

A. 手不能碰到膝关节；

B. 手指尖能碰到膝关节；

C. 手握成拳头也能碰到膝关节；

D. 手掌能紧紧按在膝关节上；

E. 手尖能接触到地面。

2. 背后上下拉手（测试您的关节灵活性）。

A. 不管左臂在上部还是右臂在上部，两手在背后都不能互相接触到；

B. 有一侧能做到两手指尖相接触；

C. 有一侧动作能做到两手相握；

D. 两侧动作均能做到两手指尖相接触；

E. 两侧动作均能做到两手相握。

3. 俯卧撑（测试您的臂力）。

女性：

A. 不能完成动作；

B. 只能做一次；

C. 能做两次；

D. 能做三次；

E. 能做五次。

男性：

A. 不能完成动作；

B. 能做两次。

C. 能做四次；

D. 能做五次；

E. 能做六次。

4. 双腿下蹲（测试您的腿部力量）。

A. 不能完成动作；

B. 只有一条腿能下蹲；

C. 两条腿都能蹲下；

D. 只有一条腿下蹲后能站立起来；

E. 两条腿都能下蹲后再站立起来。

5. 仰卧起坐（测试您的腹肌力量）。

A. 不能坐起；

B. 依靠外力才能坐起；

C. 脚稍微抬起，使劲才可坐起；

D. 能按正确姿势坐起；

E. 两脚撑着地，两膝支撑起来之后仍能坐起。

6. 背肌动作（测试您的背肌力量）。

女性：

A. 坚持不到 3 秒；

B. 能坚持 3 秒；

C. 能坚持 10 秒；

D. 能坚持 15 秒；

E. 能坚持 20 秒。

男性：

A. 坚持不到 5 秒；

B. 能坚持 5 秒；

C. 能坚持 10 秒；

D. 能坚持 15 秒；

E. 能坚持 20 秒。

7. 原地跳跃运动（测试您的瞬间爆发力）。

女性：

A. 跳起来高度达到 10 厘米；

B. 跳起来高度达到 20 厘米；

C. 跳起来高度达到 25 厘米；

D. 跳起来高度达到 30 厘米；

E. 跳起来高度达到 35 厘米。

男性：

A. 跳起来高度达到 20 厘米；

B. 跳起来高度达到 25 厘米；

C. 跳起来高度达到 30 厘米；

D. 跳起来高度达到 35 厘米；

E. 跳起来高度达到 40 厘米。

8. 180 度转体跳跃（测试您的灵活性）。

A. 在30秒内跳跃次数不满5次；

B. 在30秒内跳跃次数不满10次；

C. 在30秒内跳跃次数不满15次；

D. 在30秒内跳跃次数不满20次；

E. 在30秒内跳跃次数不满25次。

（说明：在地上画两条线，宽约30厘米，双脚一前一后跨在线两边，然后跳起并转体180度，落地后成面朝后的姿势；再跳起并转体，还原成面朝前的姿势。这个动作就叫做180度转体跳跃。做这套动作时要尽量加快速度，看在30秒内能做多少次。）

9. 双足横跳（测试您的敏捷性）。

A. 在30秒内跳跃次数不满5次；

B. 在30秒内跳跃次数不满10次；

C. 在30秒内跳跃次数不满15次；

D. 在30秒内跳跃次数不满20次；

E. 在30秒内跳跃次数不满25次。

（说明：在地上画两条线，宽约30厘米，人两腿并拢站在线的一侧，然后双脚同时左右来回横跳，看在30秒内能跳多少次。）

10. 俯卧撑（测试您的耐力及综合体力）。

注意：男性做5次完整的俯卧撑动作，女性做3次完整的俯卧撑动作。

A. 不能按规定完成动作；

B. 做完动作后，上气不接下气，胸部难受；

C. 做完后气喘吁吁，说话困难；

D. 做完后呼吸比较急促；

E. 做完后无异常感觉。

评分标准：

此套测试一共10组动作，每组动作依次记分如下表。

	A	B	C	D	E		A	B	C	D	E
1	1	2	3	4	5	6	1	2	3	4	5
2	1	2	3	4	5	7	1	2	3	4	5
3	1	2	3	4	5	8	1	2	3	4	5
4	1	2	3	4	5	9	1	2	3	4	5
5	1	2	3	4	5	10	1	2	3	4	5

测试报告：

老年人的体力年龄可反映出老年人的健康状况，得分越高表明身体越健康。老年人的体力年龄越低越接近生命的另一端。如果您在这一方面得分很低，您就得多加努力哟！要记着：锻炼不仅对身体健康有益，而且还是延年益寿的最好途径。

[案例]

湖北省罗田一位曾经参加过抗日的67岁老人，坐在家里喜欢看一些战斗片，可是每当看完后，总是口口声声说自己老了，不顶用了，说着说着，还暗自伤怀起来，禁不住抹眼泪。家里人每当看到此情景，心里也非常难受，不想让他看战斗片，可又不好拧着老人，为此子女们很犯愁。

[专家门诊]

有的老人在豆蔻年华就叱咤风云，这的确是值得回味的。50年后饱经风霜的老人理应感到自豪、充实和满足，实不该自叹老了，老了！

有人说“人生的过去是个梦，未来是个希望”，追寻逝去的梦是为了给希望之火添薪，让生命的火炬越烧越旺。早在两千多年前，孔子就提出“五十知天命，六十耳顺，从心所欲不逾矩”，意在50岁~70岁为人的成熟期。而今在日本，60岁~70岁的人已不被称为“老年阶段”，而称作“实龄阶段”。随着社会的发展，如今“老”字的概念已被推迟了十年有余，岁月年轮的增长不再和衰老为侣。

有许多研究者认为，人到老年会获得更大的幸福感：孩子们已成家立业，社会不会再指责老人对他们缺少关心；老人有了充实的生活基础，又有了更多选择的自由，可以充分培养自己的个性，使之内心需要和外部环境更加协调一致；老人摆脱了激烈的竞争，却又能漫步人生未开发的75%~80%的智能广场。谁说老年人停止了发展，其生命之火有着更特殊的魅力！

美国的百岁老人哈里·利伯曼是在退休后学画而成为著名画家的，他把自己的全部热情倾注到笔端。他说：我想告诉那些70岁、80岁、90岁以为自己老了的人，别总想你已经多大年纪，只去想你获得的新的成功。一位哲人说得好：“我们这一代最伟大的发现是，凡能变更心境者就能变更生活。”希望老人莫再言老。

（五）老年期对自身身体变化如何适应

人，对自身也有个适应问题。所谓自身适应，是指人对因为自身特点导致的心理和身体健康问题要有清醒的自知，要寻找出适合个人情况的调节方法。尤其在生理期发生变化时，对变化所带来的问题要有所了解，有一些合理的应对方法，最终能将烦恼和不适所造成的痛苦降到最低水平。

人老多病本来是自然规律、生物规律。但是许多人对器官的老化，对腿脚不好使了、脑子记性差了抱着埋怨的心态。当出去办事腿脚不像过去那么麻利，心里不高兴，叹息老了，恨关节不听使唤。日本有个内观心理疗法。该方法指导病人或老年人将有病的脏器拟作人来对待，想对方的好处和给对方添的麻烦。当一位70多岁的人埋怨右腿关节走路疼时，应当去想："我用你70年，我不太懂得爱惜你，我走路那么急，我使你这样的，真对不起。"当将这种埋怨变成"需求"的"重构"形成后，人内心的矛盾与冲突缓解，伴随人对器官症状的接受，人的心态趋于平静，也利于器官的治疗。"病，交给医生"，是对疑难病症患者的指导语言。其含义是，将病感和不适充分讲给医生，离开医生不想病。但是，如想做到"不想病"，必须将注意力投入新的生活内容和行动中去，是在新的行为中持续地"做"，使"想"变化了。对于老年人来讲，身体各种不适随时会出现，对于严重的不适，随时就诊检查是非常重要的。没有严重的病痛时，应当安排定期面见医生，定期检查与复查。除此之外，平时应将更多的注意力和精力投入学习、运动、交际和生活琐事的内容中去。积极投入这些有建设性意义的事情，对减轻疾病的焦虑具有重要意义。

二、老年期的心理变化

人的心理是一个非常复杂的现象和过程，要研究老年人在进入老年期后出现的心理变化，首先应了解什么是人的心理。

人的心理是人脑对客观事物的反映，是人的心理过程和个性心理的统称。那么，要研究老年人的心理变化状况，就要分别从老年人的心理过程和老年人的个性心理等角度来着手，研究老年人的感觉、知觉、记忆、智力、情绪、情感、性格、需要、兴趣、自我意识等方面的变化。

（一）老年人感知觉的变化

人的心理活动是外界刺激通过感觉器官作用于大脑的结果，没有感知觉接受外界的各种刺激，心理活动就成了无源之水。因此，感知觉是论述所有心理活动的出发点，老年期的心理变化也是从感知觉的渐变开始的。

老年期感知觉变化的一般特征是：各感觉系统出现普遍的退行性变化，对外界刺激的反应的敏锐度下降，感知时间延长。在第二节中，我们已经详细介绍过老年人的感觉系统，包括视觉、听觉、味觉、嗅觉、皮肤感觉的生理变化。

1. 视觉

老年人的视力水平，在 60 岁以后急剧衰退。据统计，70 岁健康老人的视力超过 0.6 的只有 51.4%，其中近距离视力比远距离视力减退得更为明显，出现所谓的“老花眼”。老人们读书看报时常常要将书报拿得远远的，或者需戴老花镜（凸透镜）来纠正。

2. 听觉

听力上，老年人的高音听力比低音听力衰退得更显著，这就是为什么老人更喜欢听中音和低音音乐的原因所在。而且，老人对声音的辨别能力也在减弱，特别是在不良听觉条件下或有噪音背景的情况下。因此，在日常生活中有时会发现，与家人一起坐在客厅里看电视，旁边有人闲谈时，老人对电视情节的理解能力往往会下降。

3. 味觉

我们常听到老人抱怨现在的食品食之无味。事实上，食品的味道并没有变差，而是老人对甜、酸、苦、辣、咸五种味觉要素的敏感程度减退了。因此，老人往往错误地认为过去那些美味的食品现在都变得乏味了。老人对食物的抱怨还有一个可理解的原因，就是嗅觉功能的衰退，老人对食物散发出来的香气的感受性变差了。

4. 皮肤感觉

老年人的皮肤感觉也逐渐老化。比如触觉，老年人的眼角膜与鼻部的触觉降低得较为明显，所以，他们对流眼泪或流鼻涕常常毫无知觉，需要别人加以提醒。在温度觉方面，老人对低温的感觉变得迟钝，因此有些老人在室温降低时也往往不觉得冷。

（二）老年人记忆的变化

记忆是指人们将感知过、思考过、体验过、操作过的事物的印象保持在头脑中，以后又在一定的条件下以再认、再现的方式表现出来或者回忆起来的心理过程。

心理学家的研究认定了记忆和年龄之间存在这样的一种关系：假定18岁～35岁的人的记忆成绩为100，那么，

35 岁 ~ 60 岁的人的记忆成绩就为 80 ~ 85，60 岁 ~ 85 岁的人则为 65。可见，人的记忆随着年龄增加而有所下降。

老年人的记忆主要有以下几个特点：

1. 从记忆过程来看

瞬时记忆（即保持 1 ~ 2 秒的记忆）随年老而减退，短时记忆（即保持 1 分钟以内的记忆）变化较小。老年人的记忆衰退主要是长时记忆（即所记内容在头脑中保持超过 1 分钟直至终生的记忆）。

实证研究发现，老人对年轻时发生的事往往记忆犹新，对中年之事的回忆能力也较好，而仅对进入老年后发生的事遗忘较快，经常记忆事实混乱，情节支离破碎，甚至张冠李戴。

2. 从记忆内容来看

老年人的意义识记（即在理解基础上的记忆）保持较好，而机械识记（即靠死记硬背的记忆）减退较快。例如，老人对于地名、人名、数字等属于机械识记的内容的记忆效果就不佳。

3. 从再认活动来看

老年人的再认活动（即当所记对象再次出现时能够认出来的记忆）保持较好，而再现活动（即让所记对象在头脑中呈现出来的记忆）则明显减退。

老年人的记忆衰退并不是全面的，而是部分衰退，主要是长时记忆、机械记忆和再现记忆衰退得较快。

以美国前总统里根为例，他在晚年时患有严重的老年痴呆症，记忆力急剧下降。当里根的养子去探望他时，里根常想不起养子的名字，只有当他知道是谁时，才紧紧地拥抱他。里根对他的护士说，他觉得前来探望他的前国务卿舒尔茨好像是一个大名鼎鼎的人物，但又记不起他叫什么名字。

里根的这一系列表现说明，老年人记忆力的减退主要是信息提取过程和再现能力的减弱，而识记的信息，事实上仍然可以很好地保持或储存在大脑中。根据以上生理规律，如果能够经常提醒老人回忆往事，是有助于减缓记忆力的衰退速度的。

（三）老年人智力的变化

智力是大脑的功能，是由人们认识和改造客观事物的各种能力有机组合而成，主要包括注意、观察、想象、思维、实际操作和适应等能力。其中以思维能力为核心，它保证了人们有效地进行认识和实践活动。智力是一种稳定的心理特点，它是在人们具体的行为活动中显示出来的。

老年人的智力是否衰退，这是老年人十分关心的问题。科学研究发现，人出生时的大脑细胞有140亿个左右，随年龄增长，人的脑细胞不断死亡。进入老年期后，脑功能逐渐衰退，但由于生存着的其他脑细胞的代偿作用，大脑的活动功能仍能维持，保持正常的智力。

1. 老年人的智力只是部分性衰退

有学者认为，智力是一种综合能力，可以分为“晶态智力”和“液态智力”两种。

晶态智力主要是后天获得的，它与知识、文化、经验积累和领悟能力有关，例如知识、理解力等。由于老年人阅历广，经验多，这种智力易保持（甚至会增长），只在80岁以后才有明显减退。液态智力主要与大脑、神经系统、感觉和运动器官的生理结构和功能有关，例如记忆、注意、思维敏捷性和反应速度等。这种智力减退得较早，也较快，一般在50岁以后就开始下降，60岁以后减退明显。以上两种智力的变化并不是平行的，也就不能笼统地说智力随年龄增长而减退。

同时，虽然老人的动作性智力下降得较为显著，60岁就开始衰退，但语言性智力则保持得较好，80岁以后才有明显下降。例如，在舞台上看到许多老的相声表演艺术家，他们的口头语言表达能力到年迈时仍然“宝刀未老，威力不减”，但动作表演能力就难免有些“力不从心”了。

2. 老年人仍然适合学习

俗话说：“家有一老，如有一宝。”老年人一生阅历广博，经验累积，具有丰富的智慧。老年人的分析能力、判断能力和思维能力的精细程度，对复杂事物的高度洞察力，与中、青年人的智力水平相比并不逊色。

许多事例证实，很多人在晚年依然保持着旺盛的创造力。著名经济学家马寅初在古稀之年创立了“新人口论”，美国发明大王爱迪生在81岁时获得了他的第1033项发明专利，世界著名画家毕加索90岁时还在绘画雕刻，孙思邈在百岁高龄完成了他的第二部医学巨著《千金翼方》，等等。

老年人的智能有着很大的可塑性和提升的空间，活到老，学到老，是可以增进老人的智力水平的。通过坚持不懈的学习、锻炼和积累，往往可以使老年人的智力水平发挥得更好、更充分。

（四）老年人情绪、情感的变化

情绪、情感是人对客观事物是否符合自己的需要而产生的态度和体验。

进入老年期后，随着老年人生理机能的老化和健康状况的衰退，离退休后脱离了原有的工作岗位，家中子女又逐渐独立并成家立业，老年人的生活环境和角色地位发生了较大改变。

因此，老年人的情绪和情感也呈现出新的特点。

1. 老年人关切自身健康状况的情绪活动增强

随着年龄增长，健康状况日益下降，老年人变得更加关注自己的身体，对于疾病较为重视。尤其是老年女性，怀疑自己患病和有失眠现象的显著多于男性。

2. 老年人对于自己的情绪表现和情感流露更倾向于控制

老人在日常生活中常常会掩饰自己的真实情感，如遇喜事，他们不再欢呼雀跃；如遇悲事，也不易痛哭流涕。

3. 消极悲观的负性情绪逐渐开始占上风

例如，提及社会中的腐败和不道德现象，老人就常抱怨世风日下，今不如昔；谈到舒适享受，老人往往只感叹“只是近黄昏”。一项调查显示，在描述自己情感的用词中，老年人用以表达喜悦情绪的词明显少于中青年人。

（五）老年人消极情绪和情感的主要表现形式

1. 失落感

失落感即心理上若有所失、遭受冷漠的感觉。离退休后，老年人的主导活动和社会角色发生了改变，从工作单位转向家庭，他的社会关系和生活环境较之以前显得陌生，加上子女“离巢”，过去那种热情、热闹的氛围一去不复返，对新的生活规律往往又不能很快适应，一种被冷落的心理感受便会油然而生。

2. 孤独感

从客观上讲，由于子女逐渐独立，老年人又远离社会生活，自己体力渐衰，行动不便，与亲朋好友的来往频率下降，信息交流不畅，因此容易产生孤独感。在主观方面，老年人具有自己既定的人际交往模式，不易结交新朋友，人际关系范围逐渐缩小，从而引发封闭性的心理状态。这是老年人孤独情绪形成的重要原因。有专家曾对 13693 名城市老年人调查，发现 40% 的老人有孤独、压抑，有事无人诉说之感。

3. 疑虑感

尽管年岁日增，但老年人常常自觉经验丰富，才能不凡，一旦退休就无从发挥，自尊心受挫，大有“英雄无用武之地”的感叹。于是空虚、寂寞、受冷落之感袭上心头，往往误以为自身价值不复存在，久而久之就会低估自己甚至看不起自己。这种自卑感一旦形成，老年人就会经常对自己产生怀疑，忧心忡忡，表现出过分的焦虑。

4. 抑郁感

以上失落、孤独、自卑、疑虑的情绪情感对于老年人的心理都会产生负面的影响，而且老年人在现实生活中容易遭受挫折，不顺心、不如意之事时有发生。例如，遇到家庭内部出现矛盾和纠纷，子女在升学、就业、婚姻等方面有困难，自己的身体又日趋衰落，疾病缠身，许多老人就会变得长吁短叹、烦躁不安、情绪低落或者郁郁寡欢。这些都是抑郁的表现。

5. 恐惧感

随着身体的老化，老年人变得越发害怕生病，一方面是担心生病后自己生活难以自理，给家人和晚辈带来麻烦，变成家庭的累赘；另一方面，一旦生病，特别是重病，老年人似乎就感觉离死神不远了，因此，老年人对疾病和死亡通常会产生恐惧感。

（六）心理衰老度测试

你现在过得还好吗？你害怕衰老吗？如果您是一位60岁以上的老者，那么，您非常有必要关注一下自己的衰老程度。对于老年人来讲，衰老有两重含义：一是指身体上的衰老；二是指心理上的衰老。后一种衰老尤其可怕，它将对身体的衰老起到加速或减缓的作用。您心灵衰老吗？如果回答不好，那就让我们来测一测吧。

请按照：是、不是或不清楚来回答。

1. 下决心后立即去做。
2. 往往凭老经验办事。
3. 对事情都有探索精神。
4. 说话慢而啰嗦。
5. 健忘。

6. 怕烦心、怕做事，不想活动。
7. 喜欢参加各种活动。
8. 喜欢计较小事。
9. 日益固执起来。
10. 对什么事都有好奇心。
11. 有强烈的生活追求目标。
12. 难以控制感情。
13. 容易妒忌别人，易悲伤。
14. 见到不讲理的事不那么气愤了。
15. 不喜欢看推理小说。
16. 对电影和爱情小说日益丧失兴趣。
17. 做事情缺乏持久性。
18. 不爱改变旧习惯。
19. 喜欢回忆过去。
20. 学习新事物感到困难。
21. 十分注意自己的身体变化。
22. 生活兴趣的范围变小了。
23. 看书的速度加快。
24. 动作欠灵活。
25. 消除疲劳感很慢。
26. 晚上不如早晨和上午头脑清醒。
27. 对生活中的挫折感到烦恼。
28. 缺乏自信心。
29. 集中精力思考有困难。
30. 工作效率降低。

评分规则：

每题的答案按下表计算得分：

题号	是	不清楚	否
1.	0	1	2
2.	2	1	0
3.	0	2	4
4.	4	2	0
5.	4	2	0
6.	4	2	0
7.	0	1	2
8.	2	1	0
9.	4	2	0
10.	0	1	2
11.	0	2	4
12.	0	1	2
13.	2	1	0
14.	2	1	0
15.	2	1	0
16.	2	1	0
17.	4	2	0
18.	2	1	0
19.	4	2	0
20.	2	1	0
21.	2	1	0
22.	4	2	0
23.	0	1	2
24.	2	1	0
25.	2	1	0
26.	2	1	0
27.	2	1	0
28.	2	1	0
29.	4	2	0
30.	4	2	0

将30个问题得出的积分，按下表查算自己的心理属于什么年龄范围：

测定积分	心理年龄估计数
75以上	60岁以上
65～75	50～59岁
50～65	40～49岁
30～50	30～39岁
0～30	20～29岁

测试报告：

心理年龄越高，说明自己越接近衰老。为了避免衰老，我们应该怎样做呢？防止心理衰老，最好的做法就是树立乐观的生活态度，把全部身心都放到生活和学习中去；脑子要多用，身体要多动。从前有首歌叫《革命人永远年轻》。的确，革命事业不会衰老，乐观者的心理不会衰老，尽管两鬓如霜，却永远朝气蓬勃，勇往直前。

[案例]

李先生65岁，子女都在国外，近来老伴因病去世。他本来身体一直很好，最近却感到非常的难受，寝食难安，连日常最喜欢的下棋、钓鱼等活动都感到无力进行，感觉非常悲观，觉得自己“不久于人世了”。去医院进行全面检查，并未发现李先生有不良状况，身体非常健康。但每况愈下的精神状态却无法改变。后来经心理咨询师诊断为轻度老年抑郁。

[专家门诊]

古语云：“老吾老以及人之老”。敬老尊老这是我们中华民族的传统美德。目前“老年抑郁症”正在成为一种严重损害老年人健康的疾病，应该引起社会、家庭以及老年人的足够重视。60岁以上老年人群中，有30%～60%出现抑郁症状。传统文化使许多老年人不愿谈论自己的情绪问题，因为“自己是一家之主”，要给晚辈作出“强大”的姿态，因此很少谈及抑郁情绪，更多提到的是相应的躯体症状，而当出现抑郁症时已经较为严重了。

老年抑郁症的临床表现主要是：情绪压抑、沮丧、痛苦，悲观、厌世、自责，甚至出现自杀倾向或自杀行为，食欲下降，失眠早醒等。

老年抑郁症发病原因错综复杂，其中很多都是由生理或社会、心理因素引起的。生理因素包括：老年人的各种身体疾病如高血压病、糖尿病等可能诱发抑郁症。还有一些治疗慢性疾病的药物也易引起抑郁症。另外就是社会与心理因素，比如退休以后交往圈子变窄，人际互动减少，职业生涯的结束、生活节奏放慢等，导致情绪低落。尤其是亲友的离世，特别是配偶或其他直系亲属的去世往往对老年人形成较大的精神创伤，最易诱发抑郁症。

如果我们希望获得快乐的老年生活，远离“老年抑郁”，就需要掌握一定的心理调节方法。

1. 快乐自己老玩童：自娱自乐，提倡精神自助

卸下抚育重担的老年人，可以从琴棋书画、花鸟鱼虫、走亲访友中寻找乐趣，这些都有益身心健康。如果老年人有了自己的娱乐方式，保持了乐观健康的心态，就会感觉到生活的无穷乐趣。

2. 给自己一杯“忘记水”

忘记应该忘记的杂事、小事、烦心事。忘记自己的年龄，告诉自己："我还年轻，美好的人生刚刚开始。"现在是"七十小弟弟，八十不稀奇，九十笑眯眯，六十还在摇篮里"，老年生活是第二人生，它才刚刚起航。忘记疾病，以乐观的情绪，增进身体健康，克服衰老感，不必担忧疾病缠身；忘记恩怨，人生旅途中难免会有一些风风雨雨、恩恩怨怨，没有必要对已经过去的事情再计较，忘记恩恩怨怨，胸怀坦荡。要心情愉快就不能老想生活中、人际间的不顺心事情。

3. 给自己一粒"定心丸"

把握自己可以把握的。良好的物质条件是精神健康的坚实后盾。保证自己的"四个老"——"老窝"，就是说人上了年纪要居有定所，不能像年轻时那样四处奔波，"老窝"使你生活安定；"老伴"，"少年夫妻老来伴"，夫妻相伴，相濡以沫，互相照顾，能使你有安全感；"老友"，"有朋自远方来不亦乐乎"，经常有朋友相聚使你生活丰富多彩；"老底"，就是指自己的积蓄。人的精神生活要有一定的物质保障，中年朋友应该在有条件的情况下适时给自己保存一定的积蓄，为你的晚年生活过得更好而准备必要的"老底"。

4. 给自己一个"新支点"

把自己从"子女为中心"中转移出来。一旦孩子长大离家，原先所扮演的父母角色就会丧失，难免会因此产生不适应的心理。及时更新内容，并在生活中注入新的值得关注的内容，对于老年人来说是非常重要的。老年人是得天独厚的"悠闲族"，有人称退休是"第二人生"之始，没有子女相随，卸了抚育重担，正可自寻乐趣，探寻家门内外无数消闲自娱之道。

（七）老年期的人格变化有哪些

人格包含性格和气质。老年期的性格变化是人变得比以前主观、任性、顽固、违拗、自私、孤僻、疑心增多甚至偏执（情绪加强认识，使认识走向极端）。一般来讲，通过这种顽固性可以获得心理上的安定，是一种心理防卫的表现（“我已经很难变了，我也不希望外界变”），当然这不是在意识里都能感觉到的。但是这种变化是同老年期以前比较而言的，并非达到病态的程度，而且依据个体人格基础以及脑健康情况的不同而不同。

老年人格个性化变化使老年人像幼儿期一样，表现出较大的个体差异。在临床上可以看到许多类型。例如，成熟型：这部分人对外界变化有较强的接受能力，积极参加社会活动；防御型：对各种原因引起的不安表现过分防卫，不断地怕与担心，围绕现实生活似乎总在胆战心惊；自我厌恶型：对一生曾经有过的不幸和失败过分后悔、自责，唉声叹气，将不幸的责任完全归咎于自己；罚他型：将自己一生的不幸和失败完全归咎于他人和社会而非难攻击之，经常陷于愤愤不平、人不逢时的埋怨与不满的负性情绪之中；扩大型：将年轻时的性格特征更加扩大显著，年轻时就较外向，老了这种外向变得有点儿轻狂，做事无所顾忌，说话不注意后果，扩大了年轻时人格特质的核心特点，与此同时也增强了此性格特征负性面影响；逆反型：该类型表现同年轻时性格特质相反的特征，年轻时很内向、拘谨，老了却变得有点儿轻狂、放任自纵。

当然，以上变化的原因往往是多因素的。人生挫折与创伤、人对于压力与现实生活事件的应对方式的改变、价值观与信仰的变化等多方面的影响，潜移默化地改变了人对世间万物的心态、应付方式。久而久之，“训练”人的行为发生了改变，行为的改变改变了人格，外在来看这个人的行为特点变化了，人们讲“这个人老了变了”。变化是绝对的，不变是相对的。但是，个体差异间的区别虽经时间岁月，基本特征犹存。

话题3　适应变化，安度晚年

老年人生理、心理发生的变化是客观的，是不以人的意志为转移的。但是，老年人可以通过了解相关的科学知识，积极地适应变化，了解自身的需求，并通过纠正一些错误观念和免除一般人对老年人的错误看法，从而营造出一个适合老年人生活的社会环境以安度晚年。

吃穿不愁，孤单老人“病了”

王大娘69岁了，老伴在两年前去世，女儿在外地工作。王大娘自己有丰厚的退休金，吃不愁，穿不愁。但她总觉得生活中缺少了点什么，每天常常对着空屋子发呆，还长吁短叹。王大娘真想让女儿多陪陪自己，或者多打几个电话与女儿聊聊，但又怕影响女儿工作。王大娘心里烦啊，渐渐地她发现自己胸痛、腿痛，浑身不舒服。女儿在电话里得知母亲病了，急忙请假从长沙返回长春，陪母亲到各大医院看医生，可是走遍了各大医院，做了各种各样的检查，就是查不出病来。这可把女儿急坏了，最后在医生的提醒下，女儿带王大娘来到心理研究所看了心理医生。

王大娘其实得的不是病，而是由于孤单出现了心理问题，但又不愿意将自己的情绪表达出来，采取了一种压抑的办法。而这种情绪压抑久了，就有了一种非理性表达，即躯体转化障碍，这种情况在老人身上比较容易发生。有的老人由于极其渴望儿女的关注，在内心潜意识里承认自己“病了”、“不行了”，甚至会尿在床上，拉在裤子里。出现这种情况，要及时想到老人出现了心理问题，要带她看心理医生，多关心她。为此我们呼吁社会多给老人一些关注，呼吁子女们多给老人留一点时间。我们也希望老年朋友们能够学会善待自己，学会自我深层次地调节。

一、科学认识老年期

（一）老年期是人生的衰弱期

随着年龄的增长，生理构造与功能上产生的衰退越来越明显。

因年龄增长而发生身体构造上的变化，导致功能障碍，从而发生细胞的多样变化，细胞分裂、生长与修补迟缓，组织的氧化作用缓慢，新陈代谢的速度减慢，细胞萎缩变性；色素增加，脂肪增多，组织弹性渐减，神经系统渐进性萎缩与变化，维持内在的细胞与组织的平衡失调等。如果心理失衡，很快就变得忧郁，精神不振，身体与心智会很快走下坡路。身体的老化加上心理的老化，使衰弱速度加快。

处于衰弱期的老年人可分为自主的、适应的、颓废的三种类型。

以自主为特征的老年人是数目不多的一类，他们富有创造力与活力，充满朝气。年纪的增长，给他们带来智慧。以适应为主的类型，只有在文化和物质环境对他们有利的时候，他们才可以生活得很好。而老年人当中的颓废者，在体力衰退后，很快就颓丧下来，只有依赖文化环境的扶持才能很好地生活。

（二）老年期是人生的丧失期

专家们根据老年人会遭受各种丧失的痛苦，而把老年期看成是丧失期。

这些丧失包括身心健康的丧失，经济上独立的丧失，与家庭、社会关系的丧失，生存目的的丧失。其中，失去生存的信念，是最根本的丧失。

的确，对于老年人来说，不幸多于幸福，不满足超过满足，空虚压倒充实。这样的心理状况，会给老年人的精神带来影响，使其变得孤独、忧郁和悲痛。

丧失是客观的事实，关键是老年人们如何理解和对待自己的丧失。如果老年人能够针对身心健康的丧失，而采取积极措施，加强锻炼，注意饮食；针对经济上独立的丧失，而继续从事力所能及的工作，增加收入；针对家庭、社会关系的丧失，注意与子女、亲友保持密切联系，多参加社会活动；针对生存目的的丧失，继续探索生存目的，参加各种活动和聚会等。

丧失是不可避免的，但如果有老而弥坚的意志去承受，针锋相对地向丧失挑战，老年期也可以改变为“更加充实的生活确立期”。

[案例]

最近，高女士不明白他年近 70 岁的父亲为什么突然变得像个小孩子。为此，一家人都很着急，不知父亲是不是得了什么病。

原来，老高以前是位革命军人，参加过解放战争和抗美援朝，枪林弹雨，摸爬滚打，养成了刚强的性格。可是最近，子女们发现老高的脾气、行为越来越不像个老革命、老军人了，却像个小孩子。比如，早上喝牛奶，凉了他不喝；让儿子下班回家时帮忙给带两节电池，儿子因为忙，回来的时候忘记买了，他居然气得要掉眼泪。除了这些之外，老高还变得很絮叨，有时候跟家人说的事情，让人感觉很天真，让家里的晚辈们越来越担心，怕老高得了老年痴呆症。老高对此却不以为然，他的理由就是，中国有句古话“老要癫狂，少要稳”。

[专家门诊]

进入老年期后，有些老人会出现“返童”现象，说话、做事好像几岁十几岁的孩童，常常会因小事而生大气，甚至与儿孙辈们斤斤计较，举止失当，情绪多变，使人有种啼笑皆非的感觉。上述案例中的高女士的父亲就是这样。

对于出现在老年人身上的这种变化，作为子女或看护者，首先应当清楚地认识到，“返童”现象不是一种特异的病变或心理问题，而是老年期个体经常会出现的一种身心衰退性质的变化；第二，对于“返童”现象比较严重的老人，不能讥讽或是奚落，而应该用温柔的语言帮助老人控制情绪，使他们感到家庭的温暖；第三，要多顺从老人的意思，只有这样，才能积极地应对老年人的“返童”现象，并使他们减少发生这种现象的次数。

（三）音乐可以助老年人改善心理问题

据医生们多年观察，老年痴呆的发生与家庭生活单调有很大的关系。有的老年人图清静，不喜与人交流，和儿女分开住，得病的几率就会提高。那些老少三代同堂的家庭中，老人的发病率要低得多。

音乐疗法属心理治疗方法之一，是利用音乐促进健康，可以作为消除心身障碍的辅助手段。根据心身障碍的具体情况，可以适当选择音乐欣赏、独唱、合唱、器乐演奏、作曲、舞蹈、音乐比赛等形式。心理治疗家认为，音乐能改善心理状态。通过音乐这一媒介，可以抒发感情，促进内心的流露和情感的相互交流。

专家指出，音乐对老年痴呆症的治疗有显著的疗效。许多临床资料和实验研究证明，音乐在改善注意力、增强记忆力、活跃思想、丰富和改善情绪状态方面有明显的功效，有利于消除孤僻老人与周围环境的情绪和理智障碍，加强老年人对人生意义的认识和自我信心。

二、了解老年人的心理需要

（一）老年人心里最想要什么

人的需要可以分为生物性的需要和社会性的需要两种。一般来说，进入老年期以后，人的生物性需要降低，表现在老年人对衣、食、住、行等方面的物质需求缩减，性欲也有所减弱，但在社会性需要或心理需要方面，却出现了一些新的特点。

1. 老有所养

《论语》有云：“老者安之，朋友信之，少者怀之。”

“老者安之”，即让老人过上安定的生活，使之老有所养。老有所养是指人年老后丧失全部或部分劳动能力和经济来源时有子女等后代赡养和照顾。具体来说就是无衣食之忧，无住行之虑，生活上有人给予照顾和扶助。老有所养是老年人最基本、最低层的生理需求。

2. 后继有人

在中国人的传统观念中，儿孙满堂被认为是老人幸福的标志之一，即所谓“多子多福”。相反，“无后为大”，无后为不孝之最。在当代老人中，仍有不少人希望家庭人丁兴旺、枝繁叶茂，而且，随着年龄的增大，越接近生命历程的尾声，这种愿望就越强烈。这种愿望常常反映在许多民俗之中。例如，在儿孙结婚时必备红枣、花生、桂圆、莲子，取其“早生贵子”的谐音。自从计划生育政策实施以后，“多子多福”的传统观念已在逐渐改变，许多老人更注重于后代的素质，而不再是数量的多少。因此，不少老人在退休后甘为照顾下一代而充当家庭教师和保姆的角色，虽操劳辛苦，但乐在其中。他们希望能给儿孙最好的照顾和教育，希望他们长大后能有出息，以实现其后继有人的心愿。

3. 老有所归

按照马斯洛的需要层次理论，人作为一个社会性的存在，有归属的心理需求。青少年时，家庭完整，父母在世，这种需求表现为对家庭的依恋和对父母的依赖；而进入老年期后，子女纷纷“离巢”，家庭的完整性被分割，老人的孤独感油然而起，这时的老人需要的是一种精神上的归属感以排解孤独。正所谓：“少小离家老大回，乡音无改鬓毛衰。儿童相见不相识，笑问客从何处来？”许多老人在退休后都渴望回到自己的家乡，安度晚年。这体现的就是老年人叶落归根的心理。

4. 老而有爱

爱是人与人之间关系的一种重要的表现形式，体现了老年人的一种精神追求。从夫妻关系来看，老年人对爱情的需求并不比年轻人少，只是他们用老年人特有的更深沉的依恋方式取代了年轻人那种轰轰烈烈的热恋。俗话说："少年夫妻老来伴。"对于老年人来说，爱情在老年夫妻之间更多地表现为相敬如宾，相互扶持和照顾。当然，老年人不仅需要夫妻之爱，也需要子女的关爱。子女过于投入自己的事业和小家庭，疏忽了老人，往往会使老人产生孤独感和失落感。充分享受天伦之乐，拥有亲情的精神支持，是老人最大的幸福和欣慰。

5. 老而受尊

老年人都有受他人尊重的心理需要，但与中青年人那种因能力、业绩、财富而受他人羡慕和认同的心理需要不同，老年人更需要的是别人能够听取他的意见，看重他的经验，肯定他的过去。实际上，这种尊重经常反映在日常生活的各种礼仪中。例如，出门让老人先行，坐车为老人让座，赴宴时让老人就上座等。对于这些照顾，老人可能并不真正在乎，重要的是从这些细节中老年人获得了一种受人尊重的心理满足。但是，老人也应该正确对待自己和尊重年轻人，不能倚老卖老。

（二）老年"黄昏"心理的表现

"黄昏"心理是老年人一种常见的负性心理。其通常表现为“情感消沉，精神蜕变”，是一种有害身心健康的“不安定因素”，需要通过自我调适来加以消除。以下是一些常见的“黄昏”心理。

1. 冷落遗弃感

有的老年人退休后，觉得失去了工作，失去了权力，生活中没有了迎来送往的热闹，觉得不能再在职权的舞台上“操作表演”，心里便会产生萧条冷落之感。这种失落的心理缠缠绕绕，挥之不去，如同被人抛弃后那样难受。

2. 累赘包袱感

有的老年人多疑多心，思想变得愚昧，常常感到自己无能为力，不能再为家里做事，认为自己是子女的累赘和包袱，觉得生活是一种折磨，是一种煎熬，因而产生悲观失望的想法。

3. 怀旧回归感

有的老年人多愁善感，留恋过去，常沉湎于对已往的追求，表现出程度不同的怀旧情结。有过多坎坷经历的老年人，其思绪会集中于过去艰辛的生活，睹物思人，愁绪满肠；有过戎马生涯的老年人，则对战争的残酷伤感悲哀，忧心忡忡……

4. 枯燥无聊感

人到老年，身心都在发生变化，大事干不了，小事不用干，整日在“吃、睡、坐”中轮回周转。这样日复一日，心理上就会产生枯燥无聊的情感，感到生活无趣、无味。

5. 颓废无为感

有的老年人用颓废无为的心态对待夕阳生活，他们像泄了气的皮球一样——蹦不起来了。生活懒散，啥事不干，生活如坐针毡，度日如年，自己的积极形象也渐渐地消失在人们的记忆中。

6. 黄昏末日感

有的老年人自认为临近了生命的尽头，就像天快黑了那样的冷寂，从而产生惆怅之感。还有的老年人受宿命论的影响，什么“七十三、八十四，阎王不请自己去”，不唱春之歌，反奏黄昏曲，身心陷入一种绝望的境地不能自拔。

7. 孤独寂寞感

人到老年，生活变化很大，首先是无所事事闲得慌，其次是缺乏情趣闷得慌。看着别人忙里忙外，自己又帮不上忙，心里就会烦躁，就会产生孤独感。

（三）老年“黄昏”心理的自我调节

1. 勇于角色退场

由于自尊心过强，同时受虚荣心的驱使，对自己的“角色转换”想不通，因而产生消极自弃情绪。从健康的角度讲，情绪消极，人的抗病能力就会下降，对生活会产生不良影响。其实，“丢权”变老，犹如季节转换，是人生的必然规律。唐代诗人孟浩然有诗云：“人事有代谢，往来成古今。”一位退休老人说得好：“草随风动，权随职走，退休离职，天经地义，有什么好懊恼失意的!”记住他们的话，用平常心做好“角色退场”吧。

2. 积极养老

心理脆弱，情绪消极，情感沮丧，就会使人失去生活的信心。把老年期看作是黄昏末日，看作是生命的“悬崖”，是有害健康的。叶剑英老前辈曾经有诗云：“老夫喜作黄昏颂，满目青山夕照明。”现在，许多老年人都以“夕阳无限好，人间爱晚晴”的美好心态去拥抱晚年生活。你不妨走到他们的行列中去，力所能及地再为社会发挥余热，就会感到生活的美好。

传统的养老模式，消极的心理，是引起老年人“包袱累赘感”的主要原因。关门养老，困守斗室的消极养老，自然禁闭的养老方式只会越养越老。老年人是人生的秋天，是成熟与收获的季节。历史上许多创大业的名人都是老年人，如孔子、孟子、恩格斯等。我们有理由甩掉那些不良情绪，进行人生二次创业，开创人生第二个春天。

3. 多回忆开心事

老年人有许多反常的心理，如记不得最近的事，偏记得很久以前的事；记不得快乐开心事，偏记得悲观伤心事。中医认为，“思则气结”，过分的怀旧情绪会影响人的健康。所以，凡事都要往好处想，你可以回忆战争年代生龙活虎的场面，或打了胜仗凯旋时的欢快情景；你可以仔细咀嚼“不幸中的万幸”和“人间正道是沧桑”这两句话，这样可以冲淡你的愁绪，感到幸福的存在。

4. 老有所为

有一些老年人，生活很低调，心境较灰暗，常常是过去的事情不提，现在的事情不做，将来的事情不想，终日无所事事，无所作为。这无疑是一种不健康的心理。人到老年，生活更需要自信，自信是人的半个生命。退而不休，老有所为，人老精神不老，只有这样，生命的乐章才会奏出强音，生命的火焰才会越燃越旺。生活缺少情趣，就不能老有所乐；思想观念陈旧，就会缺乏人生追求和进取心。

其实，对于工作来说，老年人已画上了句号，但对于整个生活来说，老年期则是一个“逗号”，是一个新的起点而不是终点。生活要有情趣，要有阳光心态，闲暇可迷于书画、痴于养花等，这样，枯燥无聊之感就会荡然无存。人老退职，告别了众多的社会活动，从“大家”回到了“小家”，一时还不能接受和适应。另外，子女不孝，与老人长期分居，也会引发孤独之感。其实，老年期还有一大片生活的蓝天任人去翱翔，可以参加老年大学，去老年活动中心与新老伙伴谈心、聊天、倾诉，做一些有益的劳动，也可以做一些感兴趣的事，如收藏、书法、剪报等，让孤独慢慢淡化。

（四）现代老年人应有的心理观念

随着社会的进步，现代社会里，人们的生命显著地延长，相对的壮年人的比例会减少。在这样的情况下，老年人应该树立新的看法与习惯。

1. 继续发挥自己的用处

不管是男或女，不管是多大年龄，年老的人要养成一种习惯，要积极地去发挥且表现自己的能力，继续过有意思的生活。千万不要受退休社会制度的影响而给自己的人生打上停止的符号。社会规定要从目前的工作岗位下来，但还是可以继续去从事自己喜欢的事情，做对自己躯体与心理有用处的活动。

2. 对年迈阶段的迎接与准备

时时准备日后的老化过程，特别是对年迈的阶段。不仅是心理上有准备，还要有对生活环境的考虑与预备，方便进入更老的人生阶段。当然也要随时注意晚年人生的心理准备与实际的安排，能随时接受命运的到来，而减少对家人的挂心与负担。

3. 继续学习日新月异的科技知识

处于科技日益发达的现代社会里，老人们还是需要继续学习，能熟悉和使用各种科学设备与用具。这样，不但能跟得上科技方面的进步，享受媒体的沟通，还能跟年轻家人保持所需的言语沟通及情感上的联系，而不与现代化脱节。

4. 独立，少依赖

要养成靠自己过生活的态度，尽量照顾自己，少依赖他人，过比较独立的生活。越是能自己照顾自己，越可以过好老年的生活，不受限制。除非不得已，不要总是想向家人或配偶去诉苦，尽量对自己负责。男的，也要学习家务；女的也要练习男人做的事；万一丧偶后还可以自己单人维持自己基本的生活，减少家人的负担。

5. 适当保持老化的家庭关系

随着家里成员年岁的变化，人生阶段的进展，要跟家人时时保持适当的人际关系，适应老化的婚姻关系及家庭关系。随着年岁的增加，要面对家人可能发生的任何意外情况，而又能够接受，是现代老人的一项生活上的课题。

6. 继续活跃地享受老年生活

老年的生活要尽量过得舒服与愉快，避免不必要的挫折或刺激，让自己能天天过得有趣。假如心情愉快，身体就比较健康。这对年老阶段，是有其特别的意义的。身体好，反过来精神就更好，也就能享受更好的老人生活。否则，就发生负性的恶性循环，身体不好，精神也不好，过得是没有意思的日子，而且还受罪。

［案例］

有一位老人快80岁了，却常常苦于难以自得其乐，总觉得自己对不起亡妻，对不起子女，没尽好一个做父亲的责任。他一味自责，没有什么快乐而言。

［专家门诊］

有人说：“天下最痛苦者莫过于内疚在心的人。”的确，旧的传统观念仍沉重地压在这一代老人身上，似乎人活着就是为了养儿育女，自己怎样生活得快乐压根儿就没想过。

俗话说：“儿孙自有儿孙福，莫为儿孙做马牛。”老年人如今虽然在经济上不再负担子女，可精神上仍在为他们“做马牛”。孩子们早已成家立业，自己本应早就卸去担子了。而再婚，那是生活的需要，是自己的合法权益，无可指责。假若孩子们因此而疏远自己，那是他们的无理。即使自己曾有对不起他们的地方，作为子女也应谅解为怀，我们相信他们也终能认识到这一点的。

有位哲人说：“生活本身既不是祸，也不是福，它是祸福的容器，就看你自己把它变成什么。”老年人若放下包袱，就会发现快乐也就在自己身边。如今国家兴旺，老年人及子女的生活日益改善，不应有满足之乐么？古人云“天下之乐无穷，而以适意为悦”，关键在我们是否去认识和寻求。

（五）老人更该亲近高科技

日前，某信息咨询中心在北京、上海、广州、重庆、厦门等10个城市对老年人进行了抽样调查，结果表明，中国约有一半老年人不同程度地患有“科技恐惧症”。

在被调查的3万多65岁以上的老年人中，84%的人不会使用手机接发短信息，55%不会使用电脑上网，72%不会使用街头提款机提取小额钞票……“科技恐惧症”给老年人带来了很大的不便，甚至是束缚。

为什么老年人会对高科技产品产生恐惧和排斥心理呢？专家分析，主要有以下几方面原因：

第一，这与大多数老年人缺乏学习的动力有关。老年人倾向于经验的分析，对新科技缺乏正确而全面的认识，认为这些高科技产品派不上什么用场。

第二，这和老年人的学习能力有关。老年人在离开工作岗位后，随着精力的衰退以及学习机会的减少，学习新事物的能力有所衰退。

第三，这也与高科技产品的“市场空白”有关。高科技产品在设计上存在典型的“年轻化倾向”，并没有充分考虑到老年人的特点和需求，如手机、数字电视的字体显示太小等，给老年人使用高科技产品造成了严重的影响。

对于老年人的“科技恐惧症”，除了要求老年人自己加强学习外，我们的社会也应该做出一些改变。企业应该从细节做起，开发“银发经济”，设计适合老年人使用的产品。而社会更要加强引导，如利用各地的老年大学，系统地向老年人教授新知识，帮助他们熟悉新的产品。

三、积极活动，走出人为衰老

（一）心理衰老的主要表现

人为衰老主要是指心理衰老，其主要表现为以下几种：

1. 无原因的心烦、情绪纷乱；

2. 晚间失眠，或夜间多醒；

3. 经常受凉，噩梦频繁；

4. 记忆力减退，精力不集中；

5. 心情沉闷，郁郁寡欢，或整天昏昏欲睡，身体有病也不愿治疗；

6. 对周围环境及一切事物都没有兴趣，甚至感到厌烦；

7. 对事物的理解力减弱，表情滞呆；

8. 身体感觉迟钝，动作迂缓，社交活动明显减少；

9. 不愿独立思考、自主地处理事务，对他人依赖性加大；

10. 经常回忆往事，对往事念念不忘，对眼前的现实生活及将来的生活不感兴趣；

11. 性格孤僻，经常感到孤独，甚至觉得活着没有意思；

12. 语言啰嗦没有条理，表达意思不准确；对人冷淡，易怒；

13. 看书报、电视没有耐心，只愿看些不费思索的节目；

14. 不愿与别人交往，与亲戚朋友都疏远；

15. 总以为自己老了，已经老而无用了，把一切希望过早地寄托在子女身上。

（二）导致心理衰老的“杀手”

除了大脑衰老造成的心理衰老外，老人的衰老也与生活环境、社会地位的变化有关。

从社会方面来看，尊老、敬老、关心老年人的社会工作，目前在我国已被摆上议事日程。为了老年人的健康长寿，各地各单位都开辟了形式多样、内容丰富的活动场所，使老年人能够经常聚会、交谈，从事各种有益于身心健康的文娱、体育活动，通过各种活动，促进老人身心健康，避免其产生心理衰老。

从家庭方面来看，我国绝大多数老年人都与家人生活在一起，在生活上得到了较好的照顾。值得注意的是不少家庭对老年人的心理需求往往有所忽视，这是应该大力加以改进的。作为晚辈，应该注意长辈的心理变化需求与生理变化的需求一样重要。要在精神上多安慰老人，鼓励老人积极乐观地对待生活；要多陪老人在一起坐坐，说说话，增加共同生活的时间，不能以为给钱给物就“万事大吉”，而在精神上漠不关心；对于已经离异或丧偶的老人，应积极支持他们排除各种干扰另觅配偶，这是他们克服孤独感和衰老心理的最好方式。

（三）老年人减缓心理衰老的几种原则

1. 忘记你的年龄。每天都是春天，抱着乐观的态度生活。

2. 跟你所爱的或所喜欢的人相处，可以觉得自己并非废物。有时一个愉快的游戏或娱乐，会使你觉得自己恢复了青春。

3. 尽量笑。微笑很好，纵情大笑就更妙。笑可以使人体的横膈、胸、腹、心脏、肺得到有益的锻炼，可以使全身肌肉得到放松，可以使精神放松。一种最新的医学观点认为笑能刺激大脑产生一种激素，即引起内啡肽的释放，而内啡肽是减轻关节疼痛的天然麻醉剂。

4. 夜间必须酣睡。如果夜间睡眠太少，白天可以作1～2小时的午睡。

5. 不要向任何压力低头，把它看作是挑战的机遇，想办法去克服它。这样自然可以使得精力充沛。

6. 如果你觉得生活太枯燥，应该找一个目标，或者培养新的爱好，使它变成你的兴趣，这样你就不会感到衰老。

7. 想办法尽可能做些健身运动或从事劳动，把你身上过多的脂肪去掉，自然增加活力。

8. 有任何疾病出现，要立即看医生，不要讳疾忌医，也不要行若无事，在它没有变成威胁性疾病之前消灭它。

9. 多找机会休息，不劳累或锻炼过度，也不要因为出现困难而感到重压，在轻松的心情下生活，会使你既寿亦康。

10. 不管你贫穷抑或富有，应该生活在一群人中间，积极参加群体活动，切勿孤独寂寞。

（四）“活动理论”有助于老年人开始新生活

美国在20世纪40年代对老年人生活进行的一项调查研究表明，美国有些老人退休后很少参与社会活动，又很少担当具有实质性的社会职务，有些人终日无所事事，无目的地生活，在没有角色的情况下生活。对此，研究者强调社会互动对每一个人都有同等价值。不同年龄的人所参与的活动形式和内容可能不同，但从日常生活的意义来说是一样的。

活动理论认为，社会和个人的关系无论在中年期或老年期，其变化都不太显著。即使到了老年期，就个人而言，仍期待与中年期相同的活动，他们只承认不必再像中年人那样去工作了，工作节奏也缓慢了。

也就是说，老人在退休后，可进行一些活动来填补空白。另外，如亲人或友人死亡之后，可以与其他朋友交往和以社会性的活动来弥补。

这一理论强调老年人只要在精神上和心理上与社会保持接触，有活跃的社交生活，就能获得一个幸福的晚年和保持一个开朗的心境。

老年人在退休后，保持适当的社会交往活动，积极参与社会事务，在社交方面保持活跃，可以增强健康，使生活更有意义。

退休后的老年人失去了职业上的角色，一定要在另一方面参与社会，建立新的角色，从而开创人生新的一页。

(五)心理衰老不利长寿

美国一些学者对加利福尼亚州的约 7000 名居民进行长达 9 年的调查研究，从中发现：一些孤独感重、心理衰老的人，在排除其他因素的情况下，其死亡率和癌症的发病率，均比正常人高出两倍以上。他们还对 3809 名美籍日本人进行调查研究，统计数据表明，心理衰老的人，心脏病的发病率比正常人高出一倍。

因此，老年人应当跳出人为的衰老圈子，保持身心的正常活动，以旺盛的生命力投身到现实生活中去。只要自我心理不老，就会赢得健康和长寿。

[案例]

89 岁的吴老和老伴本来单独住，后来，女儿买了一套 150 多平方米的大房子，决定将老人接回来住一段时间。两位老人去了后赶上女儿出差，女婿生怕对老人照料不周，做了早饭给老人放在桌上，告诉老人什么时候想吃，什么时候再起床，并告诉他们平时不要到街上去，以免车碰着。中午，姑爷又打车回家给老人做饭，两位老人真正过起了衣来伸手、饭来张口的生活。三个月后，两位老人回到自己的住处，原本自己做饭的老人发现自己不会做饭了。邻居们发现老人没以前精神了，衰老得很快。

[专家门诊]

这是一种老年退形性变。老年人接触事物越少，其适应能力就越弱，有的甚至原来会做的事儿也不会做了。这就需要儿女给老人提供一个独立生活的空间，让他们每天有事儿可做。

对老人无微不至的照料，实际上反而会让老人认为自己老了，无用了，从心理上退出这个世界，加速衰老。

下面通过测验可了解老年人的现状。本测验选择了一些在老年人生活中经常会遇到的比较尴尬的、难于应付的情景。测验的结果将反映出你是否了解正确沟通的知识、概念和技能。

阅读下面的问题，选择出你认为最合适的处理方法。请尽快回答，不要遗漏。

1. 你亲属的朋友邀请你共进午餐，回到家中，你发现你的爱人颇为好奇，此时你会：

A. 告诉他详细内容。

B. 不透露蛛丝马迹。

C. 粗略描述，淡化内容的重要性。

2. 当你主持家庭会议时，有一位儿女一直以不相干的问题干扰会议，此时你会：

A. 要求所有的儿女先别提出问题，直到你把正题讲完。

B. 纵容下去。

C. 告诉该儿女在预定的议程之前先别提别的问题。

3. 当你跟邻居正在讨论事情，有家人打电话来找你，此时你会：

A. 告诉邻居说你不在。

B. 接电话，而且该说多久就说多久。

C. 告诉对方你在讨论事情，待会再回电话。

4. 有位儿女连续四次在周末向你说明他不能来看望你，此时你会说：

A. 我不能再容忍你不来看我了，否则我会有想法。

B. 不必打电话来了，我也没时间陪你。

C. 你对我们相当重要，我需要你的帮助，特别是在周末。

5. 你刚好被聘为居委会主任，你知道还有几个人关注着这个职位，上班的第一天，你会：

A. 个别找人谈话以确认哪几个人有意竞争职位。

B. 忽略这个问题，并认为情绪的波动很快会过去。

C. 把问题记在心上，但立即投入工作，并开始认识每一个人。

6. 我有位朋友对你说，“有件事我本不应该告诉你的，但你有没有听到……”你会说：

A. 我不想听无稽的流言。

B. 跟我自己有关的事我才有兴趣听。

C. 谢谢你告诉我怎么回事，让我知道详情。

评分规则：

0 ~ 2 分为较低，3 ~ 4 分为中等，5 ~ 6 分为较高。

测试报告：

分数越高，表明你的沟通技能越好。如果你的分数偏低，不妨仔细检查一下你所选择的处理方式会给对方带来什么样的感受，或会使自己处于什么样的境地。

具有良好的沟通能力可以很好地表达自己的思想和情感，获得别人的理解和支持，从而和儿女、邻里、亲属保持良好的关系。沟通技巧较差的个体常常会被别人误解，给别人留下不好的印象，甚至无意中对别人造成伤害。

（六）老年人心理保健应从哪些方面着手

老年人的心理健康是由许多因素所决定的。大致说来有四个方面：一是生理因素。人到老年，大脑和其他生理机能开始退化。如果此时能有效延缓大脑衰老，这对于人的心理健康无疑是一个良好的基础。如果大脑衰老过快或者个人不能很好地调适自己，有可能导致心理上失常。二是环境因素。人的心理健康与否，与环境有直接的关系。如果生活在一个良好和谐的环境里，人的心理健康就有一个外部的良好环境。如果生活在一个经常受到恶性刺激的环境里，有可能产生不良心理，甚至心理变态。三是生活因素。有意义的活动，良好的生活习惯有益于人的心理健康；若经常参与一些不良活动，如赌博、酗酒等，会损害人的心理健康。四是文化因素。一个人有较高的文化素养，他会对人生有一个正确态度，能正确处理人生道路上遇到的一切挫折和不幸，而不会因意外情况的产生而导致心理失常。

那么，老年人如何做到年高而不老、寿高而不衰，把高质量的生活和愉快的身心把握在自己手中呢？根据我国古今养生保健的理论和实践，我们将其概括为四个字，即“动”、“仁”、“智”、“乐”。

1. “动”，就是多运动。“生命在于运动”。实践证明，运动延缓衰老，生物学家的研究已经证明人的机体“用进废退”，古人也早就提出“不动则衰”。日本一位研究老人问题的专家指出“君欲延年寿，动中度晚年”。因此，老年人要注意加强身体的适度锻炼，循序渐进，持之以恒。俗话说，“饭后百步走，活到九十九”，就是这个道理。

2. “仁”，就是心地善良，待人宽厚。“仁者寿”为无数长寿老人的实践所证实。在生活中可以看到，长寿老人几乎个个慈祥善良。美国心理学家研究表明，同情与帮助他人，也有利于自身的心理健康。哈佛大学心理系曾作过一个实验，让学生看一部妇女在印度帮助病人与贫苦人的影片，看完电影就对学生的唾液进行化验分析，发现学生机体的 A 种免疫球蛋白显著增加。专家们为此得出结论，对他人的不幸遭遇的同情与援助可以提高自身的免疫机制。人常说：“心底无私天地宽”、“善有善报，恶有恶报”，就是说对人宽厚、帮助别人，不仅有益于别人，也有利于自身。有位年逾九旬但身体颇健的老医生说：“我不可能无私，但以‘少私’两字为座右铭。‘少私’好处很多，可以开心，可以宽旷。名利淡泊了，与人少争了，就能心平气和、身心健康。我有今日之健，也许是对人宽厚，时时处处为他人着想，专心工作的缘故。”

3. “智”，就是勤于学习，科学用脑，尤其要善于用科学的知识指导养生保健。老年人步入第二人生，最主要的心理准备就是重新学习，丰富精神生活，延缓大脑衰老。“树老怕空，人老怕松”。要“活到老，学到老”。进入老年需要学习的东西很多，如老年自我保健，老年社会学、老年心理学、家政学等。同时还要了解国内外大事，了解社会变革，学习新知识，更新观念，紧跟时代的步伐。另外，还应该更新自己的专业知识和技能，学两手具有新时代特征的技术，如上网等。“网上的世界真精彩”，互联网上有很多给老年人带来惊喜的东西。

4.“乐”，就是保持乐观情绪，保持好奇心，时刻保持积极向上的心理状态。有人将这种心态归纳为24个字：“正视现实，接受挑战；乐观豁达，安享晚年；适应今天，迎接明天。”这就是说，只要每个人都能乐观豁达，与时俱进，保持积极向上的人生态度，那么其生活质量和人生价值将具有更大的社会意义。马克思曾经说过一句名言：“一种美好的心情，比十服良药更能解决生理的疲惫和痛苦。”快乐与豁达是一种宝贵的资源，不仅要会享用，更要善于发掘。

四、一些不容忽视的错误观念

（一）老年人应该改变的一些传统观念

由于现代社会与文化的变迁，包括家庭关系的改变，社会人口的变化，再加上生活环境与社会制度的大大改变，现代的老人对于“年老”的观念与意义要做许多修正，以便适应现代老人化的社会。

1. 纠正“养子防老”的想法

首先，老年人要修正过去“养子防老”的传统观念，要有“养自己，靠自己过老”的新想法。

由于过去的传统社会里，人们的经济系统往往以家庭为单位，依赖自己的家庭来维持自己的经济，负责各个成员的生计与福利。再者，下一代的人，往往继承上一代的生产事业，继续其渔、牧、农、工等生产工作。在这样的社会里，要生育子孙，养育子孙，以便自己老时靠子女来“反哺”，养育年老的父母。这是很自然的现象。因此，子女生得愈多，犹如购买了更多的生活保险，自己年老时可安心依靠年轻的子女们，让他们轮流或共同来养年老的父母。

可是社会逐渐工业化、都市化之后，人们的经济系统扩充，逐渐超出家庭的单位，而需依靠社会系统来维持操作。况且，下一代的人，常常脱离上一代所经营的生产工作，而从事新异的职业，不跟自己的父母一起从事生产。更重要的是，婚姻与家庭制度也逐渐改变，并不见得人人都结婚、生育子女，或婚后都跟父母住在一起。即使生育子女，顶多也是一两个而已。况且，现代生活里，人们的寿命延长，75 岁将是平均寿命。50 岁过后，还得活二三十年，几乎是成人的人生之一半。

现代社会里，年老的人不能完全只依靠自己一个或两个子女来过漫长的二三十年光阴。要多半依靠自己，依靠整个社会，来度过自己年老退休后的时光。换句话说，现代的人，从年轻时，在日常生活里就要考虑自己如何把一部分收入储蓄下来，以便存留下来做退休后的生活费；经个人的储蓄，或公家或社会的储蓄退休制度，建立自己老后之生活基金。在生活居住方面，要准备老夫妻两人能继续自己居住且生活在自己的家；可能跟自己子女住得家很邻近，但有自己的居住场所，不用寄养在自己的子女家里，或者依靠别人生活。

这并不是说，老人有需要时不可依靠家人的照顾，或者做子女的不用去关心自己的父母。我们要强调的，是说不要完全靠子女来养老，不要只想子女该养你，该孝顺你；而事实上做子女的无法每天服侍你。现代的老人，心理上要有思想准备，基本上要靠自己，除非自己的身心有显著的萎缩、退化或有障碍，否则尽可能依靠自己来生活，靠自己的能力来过50岁以后的黄昏年代。“养自己，靠自己过老”是我们20世纪的人都宜养成的想法。

2. 改变“年老享福”的观念

与“养自己，靠自己过老”很相关的另一想法，就是要抛弃过去“年老享福”的老观念。年纪大了，生活应过得轻松些，享受些，这是很应该的。但是过去“年老享福”的旧观念里，常同时含有一种错误的意思，即年纪大了，就不该自己动手，不能劳累了（要靠年轻人去劳累），要让别人来服侍，事事都要仰赖子女来做，年老的只要被孝顺，要多享福。万一老年人还要自己动手劳动，那就意味着凄惨，年老了没有子女来孝顺，命苦。不用说，现代的老人要抛弃此老观念，要以“年老要继续活动”的新观念来代替，要想“年老还能继续活动，才是福”。

进入老年期的人，在心身各方面宜适当地继续其精神与躯体的活动，这样才能维持心身健康。尽管年岁增加，还是宜以适合自己的体力做些家务，出外活动，参加来往，继续从事于自己喜欢的活动与家庭生活。这不仅是经济上、现实上的需要，而且是心理与身体健康与卫生的需要。

所以，自己在家能烧饭、洗衣服，打扫房间或院子，出外能参加社会里的志愿服务性活动，都是在保持自己的身心健康。千万不要以为“年老要享福”而剥夺了自己健康的机会。

3. 去除“老了没有用”的念头

假如按过去的习惯，年老之后，就要依靠子女或他人，而且心理上仍相信年老不宜再自己动手脚，否则在别人眼光看来就是没福气，很可能会让老年人感到真的老了没有用。特别是子女不孝顺，对自己不好，而自己又不好意思继续工作，去充实自己的老年期，那么，老了没有用的念头会更强烈。

如果老年人自己动手脚活跃过日，保持自己身心健康，那么，年老了仍有好多享受。可以不迫于生活压力，天天赶着按时上下班，可以轻松地从事自己喜欢的活动，安排自己的生活内容。

过去长年的辛苦工作，到了老年期就可以享受过去辛苦的结果，名副其实地变成“老年是人生的收获期”。特别是使用脑力的人，还可利用过去的生活经验，继续从事所喜欢的工作，而且可以表现出老到的功夫。现代人应该建立“老年期是很有用的人生阶段”这一观念。

（二）免除一般人对老年的错误看法

目前在我们社会里，仍有不少的人持有关于老人的一些谬论。这些不正确的看法，与缺乏心理与身体的卫生知识较有关，让我们一一澄清。

1.“老人会衰老”的看法

由于医学知识的不同，过去的人曾经相信年老以后就会衰老，是躯体要残废的阶段，抱着比较悲观的命运观。可是随着医学的发达，卫生的进步，大家已经发现年老并不一定要衰老。假如能很好地注意锻炼并讲究卫生，年老的人仍可以享受长年健康，要排除年老多病且会衰老的消极看法。许多例子告诉我们，有些人到了80岁的高龄还能继续工作，有的从事发明的事业，有的著书立说，有的从事行政上的重要工作。除非是患了痴呆症或其他疾病，人人都可以保持精神上的功能，而只有极少数的人会有躯体与精神的衰退。

2.“人老就会失去欲望”的想法

与此很接近的另一观念，乃是人老了，就会寡欲，不会有欲望上的需要。这不仅是指对享乐的欲望、娱乐的需要，也包括对于性的欲望。大家都理所当然地认为老人年岁一大，就毫无性欲。甚至认为年老了，就不该对异性还有兴趣，否则是老糊涂了。

事实上，年岁增大之后，各种欲望的强烈程度可能会减低，可能心有余而力不足，但还是会继续持有其各种想享乐、娱乐，并有性之兴趣的。所以，不要为有这种基本生理欲望的存在，而自羞或自责，或者害怕被别人耻笑，而应当考虑如何适当地满足自己的生理与心理上的各种欲望。有了适当的欲望，生活才有活气。老人关心自己的外表，想打扮，想取得异性的欢心，是好现象，是令老人生活过得有色彩的好动机，应适当鼓励。

3.“老人生活无聊”的见解

另外一种常见的错误看法是认为老人的生活是无聊的。当然，假如你持有老人多病、老人会糊涂的看法，也相信老人要依赖别人的服侍，否则自己动手劳累就没福气的话，那么你的老人生活里，一定没有蓬勃有趣的朝气，只充满昏昏沉沉且消极的暮气色彩，天天过无所事事的日子，时时过寂寞的时光了。

现代的、有积极性的老人，要想保持自己的生活过得好，就自己动手烧饭、种花草，找朋友聊天，找人一起参加社会性的服务工作，继续自己的读书、写作或画画计划，天天可以过得很有兴趣。

4. “老人多病”的观念

不仅是普通人，连有些医护人员也持有错误的看法，即老人是多病的。当然，年岁增大以后身体状况不像年轻时那么健壮，对内外的生理威胁，其适应会较差些，特别是会增加患各种慢性疾病的几率，也容易增加患致命疾患的机会，包括癌症、心脏病等等。但这并不是说，老人就个个都成有病的人了。事实上，只要卫生保持得好，医护的检查、治疗及预防做得好，大部分的年老人可以保持相当健康的身体状况。

譬如，过去医师都误认为老人的血压会随年龄而增高，甚至把老人的“正常”血压比壮年人提高些来衡量。可是，现在我们已发觉，只要我们卫生做得好，饮食控制得好，适当的运动，老人的血压并不会增高，可以保持与壮年期一样的血压。这也就是说，只要能定期做医护检查及保养，老人的躯体还可以一直保持相当健康的状态。年老之后，虽然生理诸现象会逐渐老化，但是保养得好，并非必然体弱多病，而事实上“老人可以健康而无病”。

5. “老人会变成老糊涂”的误解

从临床的经验看来，年岁大的人，因受脑血管的流通，以及脑部的神经细胞的生理老化的影响，其思考会稍微迟慢些，记忆能力会差些，但是不会变得糊涂。

年老的人容易受药物的影响，或者躯体本身的情况而影响其脑部功能，但也不至于轻易地发生思想混乱的状况。除非少部分的人，因患上了器官性的脑病，而真的会有精神与脑力的毛病，严重时，甚至不能认人，不知环境的变化。

据欧美的统计，老人们在60岁到80岁时患痴呆症的不会超过5%，即使到80岁以上的年迈阶段，也不会超过15%，在东方的社会里，据推测其患病率会更低。

要特别澄清的是：脑子变得痴呆的人是因患上了器官性的脑病，年纪大了，只是比较容易患病而已。最重要的是，大部分的老人却不会患上此毛病。一般的老年人大多都可以保持相当好的记忆、判断、思考等各种精神功能，可以好好地过很好的日常生活。所以说，“老人可以头脑清楚”；只有少数的老人，患了脑部的疾患，才会呈现脑筋糊涂的情况。

[案例]

王老原是某单位的一把手，退休后，虽然晚辈们对他非常孝敬，但王老并不快乐，脾气也越来越大。原因何在？原来他的子女们对他辉煌的过去所表现出的淡漠态度让他难以接受，子女对他孝顺却无赞美。

[专家门诊]

现在有好多家庭，物质生活比较富足，子女也还孝顺，可家中老人却活得不大顺心，有的常发脾气责怪儿女。这是为什么呢？仔细分析一下，你会发现，这是因为子女平时缺乏和老人的思想交流，造成老人对子女的所谓孝顺有逆反心理。时代不同了，子女和老人的思维方式也不相同。老人喜欢讲过去，讲勤劳俭朴；年轻人则喜欢讲现在，喜欢展示自我。这样就难免出现轻视老人的话语，使老人伤心，感到自己多余。时间一长，老人自然心情欠佳，在子女看来也有点性格古怪了。

学会夸奖和赞赏老人是孝顺老人的重要一环，这不是虚伪，而是生活艺术和孝心的真诚流露。事实上，赞美老人也并不难办到。老人含辛茹苦把子女拉扯大实属不易，儿女们有今天的成就，老人没功劳，也有苦劳！老人帮助做家务首先应该赞扬，即使做不好，也应少埋怨，多安慰。

（三）乐观的老人更长寿

国外媒体报道称，美国耶鲁大学进行的一项研究发现，如果老年人因为自己的年岁一天一天增加而“感觉不妙”，会加速其衰老和死亡的进程，并最终把自己“想入坟墓”。从事本次调查的科学家指出，能乐观对待衰老这一自然现象的人比那些“悲观主义者”平均要多活 7.6 年。这一心理因素对长寿的影响，竟然比公认的血压和胆固醇指标更为重要。

研究者指出，对衰老保持积极心态甚至比没有吸烟史和经常运动都更为有益长寿。研究发现，这两种习惯可为人增加 1 年 ~3 年的寿命，而正常血压和胆固醇值则能延长生命 4 年左右。这一结论是有关人员在对 660 名美国 50 岁以上老人进行了 23 年的追踪调查后得出的。在问卷中有这样的题目：“随着年龄的增加，您是否认为自己没有用处?”

这些仅仅通过“是”或者“不是”就能回答的问题，使科研人员了解到了接受调查老人的心态，并结合实际情况，得出了这样的结论：对衰老保持乐观心态可长寿，而悲观焦虑的老人会大大缩短自己的悲命。

五、老有所为，促进心理健康

（一）老有所为可以满足心理上的需要

人们参加工作，除了社会、经济、道德上的意义外，还有心理方面的意义，因为它是保持身心健康的重要因素。有人称之为心理方面的维生素，正像国外心理学家塞尔尼说的那样，“工作是达到寿而康的必经之路”。人必须工作或者说必须参加劳动，这是不容置疑的。

有人认为，老年人为社会服务了一辈子，如果退休后有退休金维持生活，他们不工作也是无可非议的。

然而，还要考虑到老人心理上的需要。

心理学家海维格斯特说：“老年人心理上的需要，就是要在社会上有所作为，要有一个令人尊敬的地位，要能做些自己觉得有趣、有意义的事。”这一观点无疑是正确的，也符合我国老年人的有所作为的愿望。只有有所作为，才能生活得有意义。人并不仅仅是活着就好，更为重要的是要老有所为，为社会或家人尽力，这正是老年人的心理需要。

（二）工作可以促进躯体健康

人要健康，除了注意合理的营养，取得适当的食物（包括阳光和空气），并且不受疾病的侵扰外，就是合理地运用身体的各部分。

工作和运动都是在运用身体的器官和组织，只是运用的部分和使用的方式不同，这两者对身体的发展都有益处，只是效果不一样明显。

不同的工作运用身体的各部分器官也不一样，有些工作运用感觉器官多，有些工作则运用运动器官多。

无论做哪一种工作，神经系统、大脑都要充当重要角色。工作对于大脑的作用与运动对肌肉的作用是相同的。

（三）工作可以促进心理健康

不从事体力劳动或脑力劳动是造成短命的主要因素。

有些人认为清闲是一个人的福气，实际上清闲却常给人一些不必要的烦恼。法国作家雨果在82岁时深有体会地说：“无所事事会造成老人的不幸。”所以，正常的健康的人都要做工作，退下来的老人也需要从事一些适合自己的工作，通过工作来调节情绪。

一位老妇的丈夫突然逝世后，一直悲痛万分，引起植物神经紊乱、腹泻、失眠，身体消瘦，精神不振。当其被聘到一个单位工作后，逐渐排除了悲伤，身体也日益好转，后来还参加了老干部的歌唱表演。这就是工作带来的益处。

有了工作就会专心致志地去做某一件事，就不容易老想到自己的事。心情正常的人多半是把注意力放在周围的人和事上，如果把注意力过分集中在自己身上，就难以适应环境的变化，与外界难以取得协调。过分注意自己的坏处是把正常的现象看成不正常的病态，会给自己增添不必要的烦恼。

有一位老人整天为自己的身体发愁，感冒、咳嗽，怀疑是患了肺癌，睡眠不足、头昏脑涨，又怀疑脑部长了东西。总之对自己特别注意，注意得周身是病。这位老人偶然碰到一个机会，找到了感兴趣的工作。从此，他忙忙碌碌地工作着，再也不发愁身体有病了，因为那项有趣的工作把他头脑占领了。

[案例]

年过八十的中学英语教师孟某是北京第一社会福利院的老人，她担任该院外事顾问，四年中接待外宾 243 批共 1267 人。有的外宾给她来信，称赞她知识丰富，说话坦率，并纷纷给她寄圣诞卡。她为了做好外事工作，学习外语，还关心形势，认真看报。因为她的接待工作很出色，院里职工夸她是称职的“外事顾问”、“可心的编外职工”。她幽默地说这是“废物利用”，她感到无比的欣慰。

某居委会主任姚某某老人，热情洋溢地为生活在这里的群众服务，根据群众的需要，办了托老所、托儿所，举办过多期的生活科学知识竞赛，创办了“精神文明学校”，一年中参加学习的有 600 余人次，受到了居民欢迎和赞扬，自己也感到欢乐。

可这些老人的子女，对其极不理解，说家里又不是缺钱，年纪这么大了还在外面忙碌，叫我们心里怎么会舒服呢？

［专家门诊］

老年人在退休后从事适当的工作，为他人、为社会或家庭做些有益的事，由于辛勤劳动做出了成绩，就会给本人和周围的人带来欣慰和幸福。这就是我们常说的老有所为才能老有所慰，通过工作调节情绪，达到心理健康。

有诗云："天地有万古，此身不再得；既求有生乐，也知虚生忧。"那么，请老年朋友们不要犹豫，大胆地迈步，去重新寻找自身的社会价值。搞技术也好，办经济实体也好，只要对社会有益，就应该受到支持和鼓励。

（四）心境测试

拿出纸笔，请凭直觉回答。

1. 一边是绿茵茵的草地，另一边是黑森森的原始森林，你是往草地去，还是向森林走？

2. 越过草地或森林，你希望在你面前出现的是辽阔的大海、奔腾的江河，还是涓涓的小河？

3. 涉过大海、江河或小溪，在你眼前出现了一间小茅屋。当你走向小茅屋之前，你是不是回头望一望大海、江河或小溪？

4. 当你走进小屋，看见桌上有只花瓶，你希望它是古典式的，还是现代式的？是大的还是小的或中等的？

5. 你希望这屋有没有窗户？如有，是大的还是小的？窗户多还是少？

6. 桌上有只杯子，你不小心把它摔在地上，你希望这杯子碎不碎？是摔得粉碎还是摔碎一块可以修补？

7. 走出小屋，你面前有两条路，一条大路，一条小道。你选择哪一种？

8. 假若你来到沙漠，渴得要命。此时路边有杯水，你是看都不看就走，还是喝光再跑？或只喝半杯，把剩下的带走？或喝一点放回原处？

9. 天渐暗了，你来到一处山谷，突然一白发魔女站在你面前，你是掉头就跑，还是站着不动？或是上前搭话？

10. 翻过山地，一堵墙挡住了去路，你是翻过去还是绕路而行？

11. 翻过了这堵墙，你就来到一个动物园，里面有马、狗、兔子、猫、虎、蛇、牛、猴子、羊、猪、和鹰等，你喜欢哪一个？

12. 走过动物园，再往前走，你希望出现什么？

测试报告：

第一步，去森林，说明童年生活并不是在父母的百般疼爱下度过的。同时也说明你喜欢冒险，不愿生活在平平淡淡的环境中。

第二步，选择大海，说明你的心胸十分宽广、深沉；选择江河，表明你情绪比较激动起伏；小溪则显示你的感情很温柔、细腻。

第三步，回头望，说明你过去的生活很快乐，使你留恋不舍；若不回头，表明你对过去不满意，而对未来充满了希望、幻想。

第四步，喜欢古典式的，说明你比较保守；现代式的则比较开放，对伴侣的要求也是热烈活跃，思想解放的类型。花瓶大小说明程度的差别。

第五步，希望茅屋没有窗户，则表明你生活中没有朋友，是个封闭、孤独的人。希望窗户小且少，说明朋友少且知心的没有；相反则生活中有知心朋友。

第六步，希望杯子不碎，说明你生活的道路较为笔直；希望摔掉一块可以补，说明你生活受过挫折，并希望很快平复；希望摔得粉碎，说明你生活遭受过重大挫折。

第七步，选择大道，说明你认为以后的生活和事业之路是平坦和顺利的，同时也表明，你自信心很强，对自己的能力有充分的把握；选择小路，说明你对生活和事业的前程作了失败、坎坷、艰苦奋斗、不畏艰险的准备。

第八步，不喝就走，表明你做事情缺乏打算，或顾虑太多（担心水有毒）；喝光就走，说明做事只图眼前利益；喝一半再带走，表明你做事有计划、懂策略；喝一点放在原处，显示你道德品质高尚，习惯为他人打算。

第九步，见到白发魔女就跑，说明你胆子较小；站在一边不说话，说明你遇事冷静，懂观察，有谋略；敢讲几句话，那你的魄力很大。

第十步，翻过去，说明尽管有困难，但你能够克服；绕路走说明你害怕困难，缺乏魄力。

第十一步，马忠实，狗义气，兔子惹人爱，猫缠绵，虎凶悍，蛇狡猾，牛勤恳，羊温顺，猪懒惰，鹰有雄心壮志。

（五）给自己找乐趣

在轮椅上坐了30年、只有3个手指会动、又不能说话的科学家霍金，在别人眼中是个古板的人，只会琢磨黑洞的理论。然而，了解他的人都知道他挺会给自己找乐趣的。在他的卧室里，贴着性感女神梦露的巨幅画像，他喜欢看“007”系列电影，酷爱流行摇滚歌曲，爱听贝多芬的《英雄》和《命运》。照顾他生活的护士，说如果霍金不是善于给自己找乐趣，经常保持良好的精神状态，他可能活不到今天。从这个意义上说，给自己找乐趣，就是在延长自己的寿命。

美国前总统艾森豪威尔在回忆录里记载了一件事。1945年秋，他在盟军当司令时，他视察了几乎被夷为平地的柏林城。他发现城里的一片废墟中有一个临时搭起的窝棚，窝棚里放着几盆生机勃勃的小花，一位难民在认真地教孩子吹萨克斯管。他受到极大的震撼，当时就断言：这个民族一定会重新崛起。他说，即使在苦难中，也能给自己找乐趣，说明这个民族精神没有倒。如果在最困难的时刻，还保持着生活的乐趣，这是一种顽强的意志。

善于给自己找乐趣的人，是一个活得潇洒的人。说起来，周恩来是一个最忙的人，他一天工作十六七个小时是常事，可是他忙里偷闲，常常要去看西花厅里的海棠树，给心爱的兰花浇浇水。要说高雅，莫过于宋庆龄，举手投足都显示着她的端庄高贵。可她却喜欢下厨烹调，以此为乐，而且手艺高超，几样拿手的菜肴，就是国宴的厨师也自愧不如。若论学问高深，季羡林先生当仁不让，既是国学大师，又是文坛泰斗，精通十几种文字，然而他在工作之余，最大的乐趣就是养猫，他那两只宝贝猫，与他生活了多年，俨然家人似的。

一个俄国人和一个中国人聊天，俄国人问：“你抽烟吗？”中国人摇摇头。俄国人又问：“你喝酒吗？”中国人又摇摇头。俄国人再问：“你喜欢追女人吗？”中国人还是摇头。那个俄国人大惑不解："那你活个什么劲儿啊!"这个笑话虽然有些粗俗，却有寓意，它想告诉我们：人要活得有乐趣。当然，生活的乐趣丰富多彩，不限于抽烟、喝酒与追求异性。对酒当歌是乐趣，吟诗作文也是乐趣，谈情说爱是乐趣，养花种草、琴棋书画也是乐趣，就连聊天吹牛也算一些人的乐趣。人各有志，雅俗无妨，各得其乐。主动给自己找乐，始终保持乐观、积极的人生态度，你就会快快乐乐地走完自己的人生之旅。

话题4　老年人的心理健康保健

话题引入

“夕阳无限好，只是近黄昏”。许多老人在步入老年期后，因为生理上的衰老和面临的社会角色改变，往往无所适从。正确认识老年人的心理活动与生理需求，明确老年人的心理健康标准，不仅有利于老年人安度晚年，让其更好地走过人生最后的路程，也是社会上每个人的责任。我们认为，促进老年人心理健康最有效的办法，就是继续发挥老年人的余热，让其老有所为，通过一系列自身力所能及的活动来获得充实感和意义。

得了抑郁症的刘大妈

63 岁的刘大妈近一个月来总是高兴不起来。家里一堆的烦心事让她心情越来越糟，每天心烦胸闷，不想吃，也睡不着，疲乏无力，记忆力下降，有时甚至觉得活得没意思。她怀疑自己得了什么大病，到医院检查，只是诊断为“心脏神经官能症”，吃药后却始终不见好，后经过心理医生的诊断才得知自己是患了老年抑郁症。

所谓抑郁症，说简单一点就是情绪低落，整天高兴不起来，持续两个星期以上。这种症状的形成跟当事人的个性特点有关，往往责任与焦虑成正比，责任心强、做事认真、好强的老人更易患老年抑郁症。而 76.8% 的老年抑郁症患者发病前有一定的精神诱因，如家庭矛盾、经济纠纷、夫妻不睦、子女不孝、身患重疾等。尤其是离退休后，社会圈子缩小，心理有落差，如不及时进行心理调节，就很容易患抑郁症。只有明确老年人的心理需求，做好老年人的心理健康保健，远离抑郁症等困扰老年人生活的因素，才能保证老年人安详平和的晚年生活。基于此，老年朋友们要努力做到让自己内心阳光灿烂。

一、老年人的心理特征

（一）老年人心理活动的心理过程

老年人心理活动的心理过程主要包括认识过程、情感过程和意志过程。

1. 认识过程

人的认识过程包括他的感觉、知觉、记忆、思维、想像等。

人用自己的感觉器官（耳、目、口、鼻、皮肤）直接与客观事物相接触，获得自己的感受，由此认识了世界。然后，人又赋予他感觉到的东西以意义，由此而获得知觉。人的感觉和知觉在其意识之中保存，必要时复现出来，就是记忆。

人在认识过程中集中精神，对现实的事物专注，使得意识从外界获得的印象更加清晰、完整，并促进记忆的发展，这就是他意识中的注意。而如果他运用意识的能量，创造设想一些现实尚不存在的、前所未有的东西，他就进入了想象。

除了注意和想象，人还会运用分析综合、抽象和概括的方法对他的感、知觉形成抽象的概念，并利用其抽象的概念进行比较、判断和推理。这个过程就是思维。

2. 情感过程

人无论是在认识客观事物时，或是在进行主观思考时，都会抱有自己的态度，也就是有自己的感情。无论他满意或不满意，喜欢或不喜欢，那些剧烈的情感都被称为情绪。

3. 意志过程

人在客观环境当中，更多的时候是他的主观态度在主宰着他的行为方式，他要改造环境，要立志，他有他的理想，他为自己拟定了行动的计划，并坚决地执行它，努力的去实现自己的目标。

这个人的意志支配行为的过程，就是他的意志过程。

人的认识、情感、意志既有区别又有联系，是人的心理过程的三个方面。

（二）老年人心理活动的性格特征

老年人心理活动的性格特征一方面受遗传素质的制约，同时也是在长期的生活实践中形成的。主要包括下面两个方面。

1. 智能

人的智能，概括了学习记忆的能力，认识新事物、适应新环境的能力，和分析综合外界环境、对事物进行判断推理和思维的能力。所以，人的智力就是指一个人有成效地进行脑力劳动的潜在能力，包括他的定向力、记忆力、计算力、理解力、判断力、推断和概括能力以及解决问题的能力等等。

人的定向力包括时间定向（是否知道现在是什么季节和月、日、时等）、空间定向（对自己所处境地的认识能力）和人物定向（对周围人物与自己的关系的判断的能力）力。

人的记忆分为识记、保持、再认和再现四个过程，记忆力可分为短时记忆能力和长时记忆能力。

2. 个性类型

至今，我们仍然是按传统心理学的方法，把人的个性分为内向型和外向型。

一般来说，内向型的人比较倾向于内心世界，他们沉静、反应迟缓，在生活当中不愿与人交往，自甘寂寞冷漠；在自我方面能自我批评和自我控制，对外界的态度，即看待一切事物，都以自己的观点为准。

外向型的人则相反，他们开朗活泼，适应能力强，既善于、也乐于与人交往，对人热情、坦率，看待一切事物依据客观情况做出判断。

（三）乐群性测试

乐群性是衡量一个人个性内倾还是外倾的重要标志，和一个人的性格息息相关。一个过于内向的人，不善于与人交往，不知道如何与别人沟通，不懂得如何表达自己的感情，这将使他的心灵越来越孤僻，越来越陷入一个自我的孤独，也可能因此而发展成病态的心境。人格日益缺陷，不仅仅使自我难以实现，也让生理健康特别是老人的寿命长短受到影响。

知道自己是否乐群外向，可以有意识地调节自己情绪和对待生活的态度，让自己能保持愉快的心境，有利于防止许多老年疾病的出现，如老年忧郁症等，让自己能健康长寿。

做做以下十道题吧，做完之后你就会知道自己是否乐群外向了。

1. 如果有机会的话，我愿意：

A. 到一个繁华的城市旅行。

B. 介于 A、C 之间。

C. 游览清静的山区。

2. 如果让我选择老年大学里的学习科目，我愿意选：

A. 技术性的科目，如计算机操作。

B. 介于 A、C 之间。

C. 自娱性科目，如国画、音乐。

3. 在阅读时，我喜欢：

A. 有关太空旅行的书籍。

B. 不太确定。

C. 有关家庭教育的书籍。

4. 如果待遇相同，我愿做：

A. 退休娱乐中心图书管理员。

B. 不一定。

C. 中小学课外辅导教员。

5. 每逢年节或亲友生日时，我：

A. 喜欢赠送礼品。

B. 不太确定。

C. 不愿相互送礼。

6. 如果让我在退休后选择一工作继续发光发热，我愿做一个：

A. 文学研究工作者。

B. 不确定。

C. 幼儿园经理。

7. 如果让我选择，我宁愿做：

A. 家庭纠纷调解员。

B. 不确定。

C. 描图员。

8. 如果让我现在回头选择自己年轻时的工作，待遇相同，我想当一名：

A. 律师。

B. 不确定。

C. 航海员。

9. 按照我的个人兴趣，我最乐于参加：

A. 摄影组活动。

B. 不确定。

C. 文娱活动。

10. 如果下列活动任我挑选的话，我愿干：

A. 少先队辅导员工作。

B. 不太确定。

C. 修表工作。

评分规则：

	A	B	C		A	B	C
1	3	1	0	6	1	1	2
2	2	0	1	7	2	1	0
3	1	0	1	8	1	0	1
4	1	1	0	9	1	1	3
5	2	1	0	10	2	0	1

测试报告：

8分~10分属中性向型。

您是一个既不外向又不内向的人。但您能与人和善相处、共同合作。您和子女的关系不远不近，您乐于独处，有时也感到自己孤独、寂寞。

8 分以下属缄默孤独型。

您内向、缄默、孤独。通常表现为执拗，对人冷漠、落落寡合，吹毛求疵，宁愿独自工作，面对事不面对人，因此您和子女关系也不够亲密，他们虽然定时回家，但在你们之间缺乏有效沟通和对彼此感情的有效表达。您也不轻易放弃一己之见，为人和工作标准通常都很高，严谨而不苟且。您应当学会与人融洽、轻松地相处，对人宽容一些，注意表达一下您对亲情的渴望，您会发现别人并不是您想象中的那么难接近，您会发现家会给您更多的乐趣。

10 分以上是乐群外向型。

您外向、热情、乐群，通常和蔼可亲，与人合作时适应能力较强。喜欢和别人共同工作，愿意参加或组织各种社团活动；不斤斤计较，容易接受别人的批评，萍水相逢也可以一见如故。您和子女关系融洽，像朋友一样，他们乐于与您相处。您需要的是，在一些原则问题上坚持自我独立。

（四）老年人心理活动的积极方面与消极方面

从积极方面来说：老年人智慧增加，理解能力强，遇事深思熟虑等。

从消极方面来说：老年人记忆力减退，学习能力下降，性格变得狭隘、多疑、固执；刻板、情感淡薄，有失落感、孤独感、自卑感等。

对于老年人的心理活动的特点，我国古书上就有不少精辟的说明。孔子在《论语》中说：“吾十有五而志于学，三十而立，四十而不惑，五十而知天命，六十而耳顺，七十而随心所欲不逾矩。”这说明人随着年龄的增长而逐渐成熟。《老老恒言》说：“老年肝血渐衰，未免性生急躁，旁人不及应，每至急躁益甚……”它说明了人到老年性格有变化。唐代孙思邈在《千金翼方》中说：“人年五十以上，阳气日衰，损与日至，心力渐退，忘前失后，兴居怠惰，计授皆不称心；视听不稳，多退少进，日月不等，万事零落，心无聊赖，健忘嗔怒，情性变异，食饮无妙，寝处不安……”它从视觉、听觉、感觉、知觉、记忆、思维以及性格、情绪多方面，描述了人在年老过程中的表现。

现在人的寿命长了，有人提出“六十而立论，五十还是当年，七十而不惑，百岁随心所欲不逾矩”。由于文化背景和社会历史条件的不同，以上老年心理的特点虽不完全适合我国许多老年人的情况，但它从年龄的变化来说明心理的变化仍有一定的实际意义。

（五）老年人的“四喜四怕”

老年人的心理既受个人的生活经历和社会实践、家庭环境和社会环境的影响，同时又和个人的感觉器官以及神经系统的老化有密切关系。具体说来，老年人普遍具有“四喜四怕”。

1. 喜人尊重，怕受冷落

许多老年人未退休前，受到人们广泛的尊敬。但离职后，人们常常会“三过其门而不入”，“门前冷落车马稀”。因此，他们会觉得自己的社会地位猛然下降，从而心灵上感到不安。有的老年人性格逐渐内向，不愿与人接触，抚今追昔，暗生闷气。有的变得暴躁、敏感，计较小事，猜测别人对己冷落、鄙视，因此终日消沉，觉得别人将自己遗忘。

2. 喜讲寿道，怕听哀音

注意保养身体，坚持锻炼，渴求保健知识；害怕自己卧床不起，害怕丧偶，不愿听到朋友和亲属的噩耗。

3. 喜欢活动，怕受寂寞

刚从工作岗位退下来的老人，常会感到空虚、苦闷、茫然，不知所措；尤其是看到子女和周围人都忙忙碌碌，而自己却无所事事，更会增加孤独苦闷感。于是，不少老年人迫切要求参加各种活动，包括从事力所能及的工作，学习文化科学知识，参加各种文体活动等，以驱散自己的寂寞感。

4. 喜忆往事，怕失传统

老同事、老朋友相聚，谈起往事津津有味，感慨万分。有的与家人谈天，也爱谈往事，特别爱谈自己过去的艰苦经历或者光荣历史。他们对某些党风、社会风气不正的现象深感忧虑，希望恢复传统。

这四喜四怕虽谈的是老干部的心态，在某些方面也代表所有老年人的心态。它从几个重要方面反映了大多数老人的心理特点。虽然老人之间有很大的个别差异，但也有大致的共同特点。

[**案例**]

每逢周末，张老爹都准备好饭菜，盼着儿女们带着孩子回家看看，但是当孩子们回来后，他又把他们骂走，甚至把儿女们买来的东西也当街扔出去。这弄得儿女们左右为难，不去看望老人，怕老人家孤独寂寞；去看吧，又惹老人家生气，闹得大家都不愉快。儿女们不明白：原来通情达理的老人怎么变得如此难以理解？

［专家门诊］

医生了解到，64岁的张老爹在13年前老伴因病去世，一个人含辛茹苦，又做爹又做妈，不仅把3个子女拉扯大，而且还把孩子们的婚事操办得有模有样。近几年来，儿女们相继成家立业，张老爹也从工作岗位上退了下来。他再不用为工作奔忙，再不用为儿女操心。闲下来的日子，倒叫忙惯了的张老爹无所适从，失落、孤独、郁闷困扰着他，他渴望与人倾诉，渴望被人关爱。不久，老人就患了脑中风。出院后，他想找个老伴，相互有个照应，又怕儿女们不同意，因此一直闷在心里，久而久之忧郁成疾。开始只是闷闷不乐，不愿与人交谈，继而话语古怪，疑神疑鬼，不是这里痛，就是那里不舒服，晚上睡不好觉，一上床就做噩梦；白天心慌意乱，愁眉不展，不知做什么好。他四处求医，做了不少检查，就是查不出有什么毛病。他固执地认为，大家对他不公平，子女对他不孝顺。但子女们每次来看他，他又把他们骂走。子女们知道他爱吃肉丸子，亲手炸了送来，他却认为孩子们在丸子里放了毒药，是想毒死他，占他的房子，把丸子扔得满地直滚。

医学研究表明，极度孤独可以引起老年人出现偏执、妄想，尤其是丧偶老人。在现实生活中，许多人认为，老年人有吃有穿，有孩子孝顺，就应当心满意足了。其实，老年人除了吃和穿以外，还需要健康，需要亲情，需要自我价值的实现。张老爹在工作、家务繁忙时以惊人的勇气和毅力挺了过来。他认为工作需要他，家庭需要他，子女需要他，这是人生价值的体现，虽然很累，但内心充实。而轻松以后呢，无所事事，他觉得自己是个多余的人。这种严重的失落感和无奈的孤独感是他生病的根本原因。

老年人潜在的孤独感和性的不满足会造成家庭的不和。久而久之，有这种情绪的老年人，如不及时排遣和转化，很容易因此产生心理障碍。其中有的以身体症状表现出来，有的则发展为精神症状。

因此，专家特别提醒老年人：切不可长期呆在家里与电视为伴，要试着走出家门，融进社会，去参加一些自己感兴趣的活动，去结识一些老年伙伴和朋友。诸如到老年大学听听老年保健课，学习养花养鱼，练书法，练气功，习太极，跳交际舞，做健身操；还可到公园下下棋，到活动中心打牌；更可从事一些力所能及的公益事业，比如教育下一代，保护社区环境卫生，维持车站秩序等，以此丰富自己的晚年生活，减少孤独感。同时，老年人要学会淡化生活中的不愉快和不幸所引起的消极情绪，甚至将它升华为积极情绪、快乐情绪、幽默情绪，并感染和影响周围的人，这样孤独就会烟消云散，快乐就能常伴身边。

（六）心境平和方能防衰

有一位老人说，退休几个月，似乎老了许多，情绪也愈来愈坏了。其实他已经点出了问题的症结——情绪失调。社会环境、家庭生活的变化使他不时产生忧思、烦躁、抑郁等不良情绪，而他又不善于控制和调节，任其自然使之愈演愈烈，进而影响他的身心健康，才自觉衰老。

老年人当务之急是要保持心境平和。首先要练就“化险为夷”的本领，无论遇到什么“险”情，诸如冤枉委屈、人际纠纷、家庭矛盾等，都能夷为平和，看作“小事一桩”而不足挂齿。“喜、怒、忧、思、悲、恐、惊”是人之七情。各种情绪则是客观事物是否符合个人需要所产生的态度体验。人生在世不可能事事遂心，要想“坦坦无忧愁”，就得抛开名利得失的干扰，多些宽容谦让，少些计较。俗话说“喜伤心，怒伤肝，忧伤肺，恐伤肾”，每一种情绪刺激过度都会给人们带来生理危机。一位老友，退休之后身体尚好，一天在舞厅漫步，有人告之买了他三张国画，他不禁大笑，之后竟溘然长逝。至于因忧虑、气闷等丧生者，更是司空见惯。

马克思曾说：“一种美好的心情，比十副良药更能解除生理上的疲惫与痛楚。”但愿人们能把它作为座右铭。

二、老年人的心理需求

根据医学专家的研究，随着年龄的老化，老年人的性格从外向内逐渐转为内向。一方面他们由于特别注意自己的身体而可能产生疑病感；另一方面由于体力减弱而活动性降低，其性格在总结了生活经验的基础上，会变得更加完善。

不同性格的老年人会有不同的心理需求，心理需求对稳定老年人的情绪变化和身体健康，具有重要的意义。

（一）老年人的九大心理需求

1. 健康需求

人到老年，常有恐老、怕病、惧死的心理，这是老年人一种普遍的心理需求。

2. 工作需求

他们已经离开了自己原来的工作岗位，但多数人尚有工作能力和学习要求，并因此感到烦恼。

3. 依存需求

这是出于他们的孤独所引起的，他们希望得到体贴、孝顺、关心、安慰等等。

4. 和睦需求

只有和睦的家庭和融洽的周围环境，才会使他们感到温暖和幸福。

5. 安静需求

老年人一般都喜欢安静，怕吵怕乱。

6. 支配需求

老年人由于在家庭当中经济地位的变化，支配权可能受到影响，结果造成心理压抑。

7. 尊敬需求

老人如果得不到尊重，会情绪低落，产生自卑感，时间一长就会引起心理上的抑郁和消沉。

8. 坦诚需求

老年人容易多疑、多忧、多虑，求稳怕乱，爱唠叨，喜欢别人征求他们的意见，愿意出谋划策。他们希望别人对他以诚相待。

9. 求偶需求

特别是老年丧偶者，心理上受到很大的刺激和打击，精神上感到十分压抑、苦闷和烦恼，总是怀念老伴，同时感到生活孤独、寂寞，没有意思。即使有子女悉心照料，也会感到寂寞孤独，渴望得到长相伴随的关怀与体贴，有时会萌发出再婚的想法，却又常常顾虑重重，出现自身心理的障碍。

（二）发挥主观能动性，积极满足自身需求

心理学认为，人的心理活动具有主观能动性，这种主观能动性来自于人对客观事物的合理认识以及他的愉快的情绪、坚强的意志、敏锐的智力、美好的愿望和执著的追求等。

老年人由于生活的变化，往往会感到失落和悲伤，心理失去平衡。所以就特别需要改变自己的认识，在自我心理活动中发挥主观能动性，努力从各种各样的活动中寻求快乐，学会明智地对待年老，锻炼自己的意志，树立新的目标以驱使自己从事有益的活动，从而达到心理的平衡。

1. 保持人体机能系统的平衡

在人的老年期，保持人体机能系统的平衡是最重要一个方面。

日本石川中博士提出一种理论：健康的身体必须保持三个机能系统的平衡。第一个系统是呼吸、循环、消化、性机能等人体最基本的维持生命活动的机能系统；第二个系统是掌握运动的机能系统，包括骨骼、肌肉、神经及五官机能系统；第三个系统是维持人的情绪、反应、意志、

智力等精神活力的机能系统。任何一个系统失衡都会影响到另外两个系统，而一、三两个系统很容易受内外因素影响而失衡。根据这个理论，老年人做到心理平衡才能有健康的身体，这个理论还会加强老人在心理失衡时进行自我调适的主动性和紧迫感。

因此，老年人要努力寻找自己心理内在的潜力，以驱使自己竭尽全力去完成有意义的事情，把人生暮年的时间更加理想化。对于上了年纪的人们，这是一种觉悟，也是自我心理的主观能动性，它是一种精神力量，其作用在老年人的生命当中是十分巨大的。

人的一生特别是老年期最宝贵的财富是健康，健康的核心是要保持人体机能系统的平衡。

2. 积极生活，克服“怀旧感”

怀旧感是指面对老年期出现的各种情况而产生的对年轻时的人或事怀念、留恋的一种情绪。大多数老年人都有这种心理状态。

有些老年人喜欢以老眼光看待眼前的事和人，总觉得不顺眼，因而怀旧。常听到老人讲我们那时如何如何。比如某单位分福利房，当时有中级职称的人都有两房或三房一厅住，有些老人马上说：“我们年轻时住一间房子，用的是公用厨房和厕所，一住就是几十年。”老年人常说的就是我们那时怎样怎样，现在又怎样怎样。这种情绪无疑会影响老年人的身心健康。

因此，老年人要尽量控制这些怀旧感，要从过去的旧事堆里解脱出来，以新的眼光看新的问题，这也是老年朋友与年轻人建立融洽关系的好办法。

老年人要学会客观地看待自己。中国有一句名言："人贵有自知之明。"老年人既要看到自己的优势，也要看到自己的弱点。老年人半个多世纪的经历，积累了丰富的人生经验，有很多优势。但是，老年人毕竟体力和精力有所减退，随着社会的进步、科学技术的飞速发展，在现代社会，原有的经验和知识可能会显得过时。因此，只有正确认识自己，才能客观地评价自己，坚定生活信心，使自己在新的社会形势下身心得到健康发展。

3. 积极适应社会角色转换

角色是指一种行为方式和行为表现。老年人虽然退休了，但并没有结束自身的社会化过程。老年人社会化过程的继续，使他们的社会角色转换到其潜能可进一步得到发挥的状况。

就当前我国老年人的身心健康状况看，60 岁的人仍具有很大的潜力。人退休了，并不是一切都结束了，而是社会角色变了。通过继续学习，逐步适应不断发展的社会环境，选择新的社会角色去对待晚年生活，对老年人是十分有益的。

老年人退休后，与离退休前相比，角色转换了，这对老年人来说是一个重大的人生转折。尤其是退休初期，新的角色行为还未构建，一切都在尝试之中，许多老人都会产生失落感、挫折感，产生很大的心理波动。

（三）老年人完成自身角色转换的几个方面

1. 从同辈群体中汲取有益的经验

老年人在未退休之前，应该有意识地向已退休的人咨询交流，了解他们过去的心路历程，学习如何把握新角色的经验和教训，从而对自己退休后的变化有一个心理准备。有备无患，从同辈群体中汲取有益经验，对于老年人尽快适应新角色的行为规范有重要意义。

2. 加强与家庭成员的沟通，尽量参加一些家务劳动

老年人退休离开工作岗位回到家庭，应多与家庭成员交流，有什么心事要告诉他们，以得到家人的理解，尽快地找到扮演新角色的感觉，从而使自己能够安然地迎接快乐、休闲的晚年生活。

3. 积极参加各种老年团体的活动

俗话说“物以类聚，人以族居”，喜欢群体生活是人的天性，从幼儿园、学校到工作单位或部队，均离不开群体生活。然而，许多老人退休后却感觉远离了群体，远离了社会，常常不能适应，甚至因此而出现“退休综合征”及各种疾患。其实，参加一些老年团体组织就会改变这种状况，使他们重新走入群体生活的世界。通过这些活动，不仅可以充实晚年生活，而且有助于老年人系统学习扮演新角色和心理调适的方法。

4. 积极参加体育活动

适宜的体育活动能改善老年人体质，增强抗病能力，能调节老年人的心态，使老年人保持积极向上的情操，同时有助于把自我禁锢在家的老年人融进新的集体之中。因此，积极参加体育活动是老年人获得身心健康的良好手段之一。

5. 要“难得糊涂”

郑板桥先生的“难得糊涂”不仅高雅，哲理也很深，是一门值得钻研的学问。“难得糊涂”，并不是真糊涂，而是

“假糊涂”，嘴里说的是“糊涂话”，脸上反映的是“糊涂的表情”，做的却是“明白事”。“糊涂”是人类的一种高级智慧，是精明的另一种特殊表现形式，是适应复杂社会、复杂情景的一种高级的、巧妙的方式。如果遇到非得立即表态的“两难选择”，可以借助于“难得糊涂”，故作不知，不表态，或者作一些模棱两可的、使人感到糊里糊涂的姿态，因而逃避复杂的、困难的选择。面对一时难于处理、难于解决的矛盾和冲突，人们可以借助于“故意的糊涂”，有意识地拖延时间，缓和矛盾、化解冲突，以便利用最佳时机解决问题。在遇到令自己“难堪”的、“使自己吃亏”的情境时，人们可以借助于这种“糊涂”，“忍让”一下，暂时“吃点小亏”，作点“退却”的姿态，以躲过“灭顶之灾”的袭击。遇到挫折，遇到“磕磕碰碰”的事时，由于自己的弱点或缺点，常常会做出错误的决定。但是，“难得糊涂”的人在自己的问题上一点不糊涂，有时则用“糊涂”来装饰、掩盖自己的弱点，来一点“自我反省”。

[案例]

一向性格开朗的老张，最近一段时间像换了一个人似的，变得情绪低落，沉默少语，而不愿与人交往。原来老张即将到60岁了，已届退休之龄，特别反感人家说他老，如果谁说了，他就跟谁“急”，弄得同事之间关系紧张，老张本人也痛苦不堪。

[专家门诊]

进入退休年龄，不少人会像老张这样，我国心理学家称之为“灰色心理”，它实际反映了中年人向老年人的过渡阶段中心理上的失落感。

那么，怎样克服准老年人的“灰色心理”呢？心理医生的建议是：

1. 适当地学会吃“酸葡萄”的心理，不妨学点“阿Q精神”，善于解脱自己，凡事要看得开、放得下。

2. 对他人、对现实多一份关怀，正确运用“宽容与理解”这对人际“法宝”。

3. 必要时调整自己的业余生活，培养生活情趣和爱好，丰富生活内容，避免过于单调。安排好起居，讲求劳逸结合，保证睡眠充足。

4. 适当地变换环境，因为新环境能调节人的情绪，激发新的活力及潜能。

5. 注意适度锻炼身体，加强饮食营养，也是克服“灰色心理”行之有效的方法。

（四）心态年轻度测试

您对人生充满好奇与渴望吗？对人生是否充满好奇与渴望，反映了一个人对新生事物的追求和对生活充分体验、享受的能力，对于老年人来讲，这是保持活力，保持年轻心态的方法之一。注意，千万不要让自己的心灵变老哦。请做下面一组测验。

1. 家里安装了一台新的电脑打印机，于是您：

A. 尽量避免使用它，反正也用不着。

B. 很愿意使用它，却不敢向年轻人请教。

C. 向别人请教它是怎样工作的。

2. 在交谊舞会上，别人在跳一种您不会跳的舞，您：

A. 站起来，学着跳。

B. 看别人跳，直到改奏慢节拍舞曲。

C. 请一位朋友私下里教您这种新舞步。

3. 和朋友去一家西式餐厅吃饭，您想用刀叉吃，可又不会，于是您：

A. 在看明白别人怎样用力叉时才拿起刀叉。

B. 仍旧使用筷子或勺子。

C. 在别人不知道的情况下请教服务员。

4. 您身处异地，对当地方言仅知只言片语，于是您：

A. 只用有把握的词句。

B. 依然讲普通话，因为您还不能熟练地使用当地的方言。

C. 尽可能多地使用它，相信人们都是友好的。

5. 您参加一次你不甚了解的讲座，您：

A. 提出许多问题。

B. 假装能领会别人的意思。

C. 会后查一下没懂的地方。

6. 最近一段时间您经常义务参加街道活动，老伴因此提出抗议，您会说：

A. “对不起，等我忙完这一段日子后会好好陪你的。”

B. “你怎么一点都不理解我？还给我添麻烦。”

C. “你说得对，今天不加班了，反正也不给我工资。”

7. 您走进一家妇女时装店，结果却发现店里只有几件衣服，而且衣服上都没有价目标签，于是您：

A. 转身出去。

B. 举止自然并询问是否有您这么大号的衣服。

C. 为避免尴尬，看一下陈列的衣服，然后离开。

8. 您的孙子让您帮他做一项您自己从未做过的事，您：

A. 可以，不过我需要时间弄明白。

B. 去，去，去，问你父亲去，我不管。

C. 向所有人请教，并查阅资料，尽量干好。

9. 街上流行一种很时髦的老年人穿的服装，您：

A. 仍旧觉得以前的衣服好，觉得新衣服样子很不自在。

B. 立即买一套穿上。

C. 观望一段时间，如果周围的朋友都买上了，才去买一套。

10. 如果你做的某项工作需要根据某一公式重复计算20次，并且有一台计算机可供您使用，而您又从未使用过计算机。这时您会：

A. 请教某人或查计算机使用手册，在计算机上把结果算出来。

B. 仍旧愿意多花点时间，用手重复计算。

C. 请别人上机代您算出来。

评分规则：

序号	A	B	C
1.	2	5	10
2.	9	3	5
3.	5	4	6
4.	4	6	10
5.	10	2	6
6.	8	6	5
7.	3	9	2

续表

序号	A	B	C
8.	7	2	10
9.	4	9	6
10.	10	0	4

测试报告：

70分~100分

您的心态非常年轻，您依然像年轻时那样对人生充满渴望。

对于您来讲，“新”和“挑战”同义，您愿意尝试任何事，不怕别人的眼光，这说明您的自信心用到了地方。有时，承认自己对某些事不了解而要寻求帮助也是很有益处的。敢于尝试可以使您前进，哪怕已步入耄耋之年，但不要做得过分，以免伤身动气。

40分~69分

您的心态一般，您对人生的追求有些谨慎。

您最终会和新生的事物交上朋友，但这通常需要时间。因为年龄问题，你时常会显得犹豫不决，这会妨碍您发现自己在某些方面的能力。所以，不妨大胆再抓住机会尝试一下，您可能会得到意想不到的结果。

40分以下

您的心态已经垂垂老矣，失去了年轻时的闯劲和对事物的好奇渴望，在新事物面前畏缩不前。

您会轻易地被从未尝试过的事物征服或吓倒。可能您认为别人总希望您的表现能像有经验的老人那样令人满意，或者可能是您对自己期望过高。不管怎样，当您下次再犹豫不定时，不要再急着返回熟悉的领域里，而应该激励自己尝试新的东西。

（五）退休初期老年人心理变化的五个阶段

1. 心理躁动期

即退休前夕。许多老人在这一阶段心理就开始产生变化，随着退休日的临近，越发感到心理难以平静，在心理上与将要发生的现实相对抗，这会对老年人的身心健康产生消极影响。

2. 解脱期

即退休时。老年人辛辛苦苦工作了几十年，一下子脱离了紧张的工作，有一种解脱感，整日栽花、养鸟、绘画写字、带孩子。这时候，老年人有一种享受天伦之乐的幸福感。

3. 心理失衡期

随着时间的推移，日复一日地无所事事，退休伊始的那种喜悦已经消失，现实生活中出现的许多新问题、新情况接踵而来，他们所期待的角色与事实不符。在这一时期，许多老人心理上的失落、沮丧、被遗弃感随之而生，这就使老年人因社会角色、生活内容和生活节奏的突变而产生种种心理不平衡。

4. 角色转换完成期

这时候，许多老年人经过前几个阶段的波折和痛苦之后，开始面对现实，重新塑造自我，寻找适合自己的角色，以新的面貌参加社会活动，并得到了他人的尊重。此时老年人内心感到充实，情绪稳定，心理波动趋于平静。

5. 稳定期

这时候，老年人已摆脱了心理危机，并建立了与自己角色相适应的生活模式，他们已从纷乱的情绪中解脱出来，并适时地选择了适合自己的社会角色。这个阶段，他们完成了心理调适，成功地适应了离退休后的现实生活。安全顺利地进入这个阶段的老年人，一般对晚年都充满了信心。

三、老人心理健康的标准

老年心理卫生，指老年人保持心理健康，预防精神疾病、身心疾病或者其他引起缺陷的发生。注意心理卫生，可以使人保持心理健康、生活满意，能够妥善处理面临的问题，应付复杂的人际关系，经受得住外界各种紧张压力或社会变迁的困扰。

老年人不仅要重视生理卫生与健康，而且也要重视心理健康，只有身、心都健康才称得上是真正的健康。健康的心理状态会促进人的身体健康，不良的心理、情绪状态会危害老年人的身体健康。

（一）老年心理卫生的原则

老年心理卫生的原则主要包括以下几个方面。

1. 正确对待环境刺激

老年人生活与工作的环境应力求安静，但现实生活中并不能完全保证，例如环境中的噪音等不利因素时常存在。老年人如能心平气和地对待这些刺激，则有利于保持心理平衡。情绪稳定是保护健康的重要心理因素。因此，老年人要善于在刺激中保持和调节情绪，防止和克服心理冲突。

主观的要求与客观的限制而引起的强烈或持续的心理冲突，在一定条件下，可以造成老年人的心理疾病。老年人在生活与工作中不可避免地要发生心理冲突，但要力求控制其强度，持续时间不要过长。

2. 保持乐观的心境

老年人要开朗、直率，畅所欲言，这有助于消除心理压力，解除心理冲突。陶冶情操，克服那些不能很好地适应环境的个性因素，就能很好地适应人际关系，经常获得满意感。脾气暴躁、性格孤僻，易产生不满意感与不安全感，有害心理健康。

3. 要有自知之明

老年人要了解自己的长处与短处，了解自己的身体健康与心理健康状况，经常用心理健康的标准来衡量自己的心理行为，促进心理健康。要根据自己的体力与智力等情况量力而行，切不可去做力所不及之事，否则会在挫折面前心绪不定，从而影响心理健康。

（二）老年心理卫生的主要内容

1. 退休后的心理卫生

为避免退休后无所事事，产生孤独感，造成心情抑郁。老年人应注意生活规律化，并参加力所能及的社会工作与娱乐活动，使精神生活充实，情绪健康。

2. 工作的心理卫生

老年人适当地做些工作，不仅有利于社会，而且有益于健康，在工作中获得心理满足。但工作切莫过于紧张，否则强大的精神压力导致心理不平衡，影响身心健康。

3. 家庭关系的心理卫生

家庭成员之间关系紧张，往往引起老年人心情不愉快。有时老年人由于疾病等原因心情不好，同家人的关系呈现紧张，这是不利于老年人的身心健康的。因此，对老年人尤需建立一种和睦的家庭气氛。

4. 饮食的心理卫生

老年人消化功能减退，需要特别重视饮食时的心理卫生。吃饭前后应力求心情平静与愉快，切忌生气、忧愁、寂寞等消极情绪。吃饭时，可有意识地利用心理上对美味食物的想象、记忆与联想，唤起食欲，促进消化系统功能。

5. 娱乐的心理卫生

老年人适当参加一些娱乐活动有利于身心健康。但时间不宜过长，场面不宜过分强烈，否则极度的紧张和过分的激动在一定条件下可能诱发心脏病、脑血管病。

6. 交往的心理卫生

老年人在交往时要襟怀坦白，热情待人，不要多疑、过敏，否则不但不利交往与人际关系的协调，也有害于情绪健康。

7. 对待疾病的心理卫生

老年人往往体弱多病，有些人对待疾病焦虑烦躁，忧心忡忡，悲观失望，这种精神状态不利于对疾病的治疗，还会加速疾病的发展。因此，老年人应客观、正确地对待疾病，增强信心，保持健康情绪，以利于恢复健康。

（三）老年心理健康标准

综合国内外心理学专家对老年人心理健康标准的研究，

结合我国老年人的实际情况，我们认为老年人心理健康的标准基本可以从以下五个方面进行界定。

1. 有正常的感觉和知觉，有正常的思维，有良好的记忆

这就是说，在判断事物时基本准确，不发生错觉；在回忆往事时记忆清晰，不发生大的遗忘；在分析问题时条理清楚，不出现逻辑混乱；在回答问题时能对答自如，不答非所问；在平时生活中有比较丰富的想象力，并善于用想象力为自己设计一个愉快的奋斗目标。

2. 有健全的人格

情绪稳定，意志坚强。积极的情绪多于消极的情绪，能够正确评价自己和外界的事物，能够控制自己的行为，办事较少盲目性和冲动性。意志力表现得非常坚强，能经得起外界事物的强烈刺激。在悲痛时能找到发泄的方法，而不至于被悲痛所压倒。在欢乐时能有节制地欢欣鼓舞，而不是得意忘形和过分激动。遇到困难时，能沉着地运用自己的意志和经验去加以克服，而不是一味地唉声叹气或怨天尤人。

3. 有良好的人际关系

乐于帮助他人，也乐于接受他人的帮助。在家中与老伴、子女、儿媳、女婿、孙子、孙女、外甥等都能保持情感上的融洽，能得到家人发自内心的理解和尊重。在外面，与过去的朋友和现在结识的朋友都能保持良好的关系。对人不求全责备，不过分要求于人；对别人不是敌视态度，而从来都是以与人为善的态度出现。无论在正式群体内，还是在非正式群体内，都有集体荣誉感和社会责任感。

4. 能正确地认知社会，与大多数人的心理活动相一致。

对社会的看法，对改革的态度，对国内外形势的分析，对社会道德伦理的认识等等，老年人都能与社会上大多数人的态度基本上保持一致。如果不是这样，那就是不接纳社会，与时代前进的步伐不能同向同步。

5. 能保持正常的行为

能坚持正常的生活、工作、学习、娱乐等活动，其一切行为符合自己在各种场合的身份和角色。

（四）心理健康的一般评价

1. 智力正常

对老年人来说，能适应生活，具有一般的生活能力，思路清楚是智力正常的表现。

2. 情绪愉快而稳定

人的情绪愉快而稳定是人的情绪健全的重要标志。愉快表示身心活动和谐。老年人能经常保持愉快乐观，是情绪健全的表现。情绪稳定表明一个人的中枢神经系统处于相对平衡状态，也是情绪健全的表现。

3. 心理协调

人的思想与行动相统一，称为心理协调。老年人行为有条不紊是心理协调的表现；人际关系适应良好，反应适度。老年人对事物反应过于敏感或过于迟钝都是心理不健康的表现。心理行为应符合年龄。

使老人产生各种心理活动的生活、学习、工作、休息环境，构成了老年人的心理环境。这些心理环境直接影响老年人的情绪状态，影响他们的健康。改善老年人的心理环境，激发他们的兴趣，丰富他们的精神生活，对身心健康颇有益处。

老年朋友参加力所能及的工作与学习，以获得心理上的满足感，这样做还可以防止寂寞感；培养业余爱好，能增进生活情趣，调剂精神生活，改善心境。生活有规律，使生理活动与心理活动富有节奏感，有利于身心健康。

（五）心理年龄自我测试

1. 下决心做某事后便立刻去做。

   A. 是。 B. 介于是、否之间。 C. 否。

2. 往往凭经验办事。

   A. 是。 B. 介于是、否之间。 C. 否。

3. 对任何事情都有探索精神。

   A. 是。 B. 介于是、否之间。 C. 否。

4. 说话慢，而且啰嗦。

   A. 是。 B. 介于是、否之间。 C. 否。

5. 健忘。

   A. 是。 B. 介于是、否之间。 C. 否。

6. 怕烦心、怕做事、不想活动。

   A. 是。 B. 介于是、否之间。 C. 否。

7. 喜欢计较小事。

   A. 是。 B. 介于是、否之间。 C. 否。

8. 喜欢参加各种活动。

   A. 是。 B. 介于是、否之间。 C. 否。

9. 日益固执起来。

   A. 是。 B. 介于是、否之间。 C. 否。

10. 对什么事情都有好奇心。

A. 是。　B. 介于是、否之间。　C. 否。

11. 有强烈的生活追求。

A. 是。　B. 介于是、否之间。　C. 否。

12. 难以控制感情。

A. 是。　B. 介于是、否之间。　C. 否。

13. 容易嫉妒别人，易悲伤。

A. 是。　B. 介于是、否之间。　C. 否。

14. 见到不合理的事不那么气愤了。

A. 是。　B. 介于是、否之间。　C. 否。

15. 不喜欢看言情小说。

A. 是。　B. 介于是、否之间。　C. 否。

16. 对电影和爱情小说日益失去兴趣。

A. 是。　B. 介于是、否之间。　C. 否。

17. 做事情缺乏持久性。

A. 是。　B. 介于是、否之间。　C. 否。

18. 不愿意改变旧习惯。

A. 是。　B. 介于是、否之间。　C. 否。

19. 喜欢回忆过去。

A. 是。　B. 介于是、否之间。　C. 否。

20. 学习新鲜事物感到困难。

A. 是。　B. 介于是、否之间。　C. 否。

21. 十分注意自己身体的变化。

A. 是。　B. 介于是、否之间。　C. 否。

22. 生活兴趣的范围变小了。

A. 是。　B. 介于是、否之间。　C. 否。

23. 看书的速度加快。

A. 是。 B. 介于是、否之间。 C. 否。

24. 动作不够灵活。

A. 是。 B. 介于是、否之间。 C. 否。

25. 消除疲劳感很慢。

A. 是。 B. 介于是、否之间。 C. 否。

26. 晚上不如早晨和上午头脑清醒。

A. 是。 B. 介于是、否之间。 C. 否。

27. 对生活中的挫折感到烦恼。

A. 是。 B. 介于是、否之间。 C. 否。

28. 缺乏自信心。

A. 是。 B. 介于是、否之间。 C. 否。

29. 集中精力思考有困难。

A. 是。 B. 介于是、否之间。 C. 否。

30. 工作效率低。

A. 是。 B. 介于是、否之间。 C. 否。

评分规则：

	A	B	C		A	B	C		A	B	C		A	B	C		A	B	C
1	0	1	2	7	2	1	0	13	2	1	0	19	4	2	0	25	2	1	0
2	2	1	0	8	0	1	2	14	2	1	0	20	2	1	0	26	2	1	0
3	0	2	4	9	1	2	0	15	2	1	0	21	2	1	0	27	2	1	0
4	4	2	0	10	0	1	2	16	2	1	0	22	2	1	0	28	2	1	0
5	4	2	0	11	0	2	4	17	4	2	0	23	2	1	0	29	2	1	0
6	4	2	0	12	0	1	2	18	2	1	0	24	2	1	0	30	2	1	0

测试报告：

得分在 75 分 ~76 分

你的心理年龄为60岁以上。

得分在66分~74分

你的心理年龄为50岁~59岁。

得分在51分~65分

你的心理年龄为40岁~49岁。

得分在31分~50分

你的心理年龄为30岁~39岁。

得分在0分~30分

你的心理年龄为20岁~29岁。

[案例]

有一位老人来信说一生辛劳，退下来后本想好好轻松轻松，乐乐，于是整日与麻将为伍，却时常感到一种莫名的郁闷和苦恼。

[专家门诊]

他的这种郁闷苦恼正是一种心理空虚的表现。由于他从“一生辛劳”，陡然转为“整日搓麻将”，致使心理失去平衡。其实麻将并没有给他带来欢乐，带来的是一时的麻醉和乏累，这也表明他的心理并不仅仅满足于退休后“乐一乐”，而总寄情于“为一为”。因此我们建议他不要整日坐在麻将桌旁，应在“有所学”和“有所为”上投放些精力。他说他家境不错，并不需出去挣钱。要知道挣钱和有所为绝然不是一回事，他完全可以从事一些社会服务或家庭服务，学做一些有益于社会、有益于他人、有益于自己的事，如街道工作、烹调、缝纫，或者读点书、剪剪报、聊聊天。让生活丰富多彩而精神有所寄托，就会感到充实而快乐。

（六）老年心理疾病常用的心理疗法

对于老年心理疾病所采取的心理治疗，亦叫精神治疗。通过治疗，从而影响人的心理活动，改变人的情绪，然后再通过情绪影响和改变一些躯体状态。

老年人的心理疗法应与幼儿期、青春期、成年期的心理疗法有明显的不同。另外，老年人在精神上、身体上总有某种形式的功能降低，与成年人相比，精神上的压力很容易在身体上表现出障碍，身体上的微小障碍也很容易产生疑病的精神表现。对普通人来说一般生活的状况，对老年人却可能成为特殊的刺激。

谈话法

亦叫说服式说理疗法。在同病人的接触中，医生首先要了解病人的起病经过、临床表现、个性特征及心理矛盾，然后通过语言来影响病人的心理活动，有时还要借助于表情、姿势、态度和行为等。

注意力转移法

这种方法并不直接改变病人的性格，而是使病人对生活建立起新的兴趣、爱好和联系。转移注意力的具体方法很多：组织病人从事力所能及的编织、跳舞、唱歌、演戏等，以及开展各种体育活动。

暗示法

在病人的配合下，利用语言、手势、表情等来影响人的心理和行为的一种方法。根据病人需要，可以给病人开安慰剂，即没有治疗价值的片剂或药剂。同时，医护人员对病人热情体贴，言语谨慎，行为妥帖，这对病人有重要的暗示和影响。在施行心理治疗的过程中，医生在病人面前必须享有较高的威信，要使病人充分信任你，同时十分讲究语言，有耐心，治疗要循序渐进。

在进行心理治疗的同时，应该认识到，心理治疗只是一个治疗环节，必须同物理疗法、药物疗法结合使用，才能达到更好的治疗效果。

四、老年人常见的心理问题

（一）心理与性格上的变化

当人老了以后，多少会呈现心理与性格上的变化，虽然狭义地说来并不是心理上的问题，但站在辅导的立场上来说，只有知道这些变化，才能给予老人及其家属供给适当的指导。

1. 自我之关心

一个人年岁增多之后，在心理与性格上会逐渐发生自我中心的倾向。

从心理的动态观点说来，因为精神能力有限，所以会把精力放在与自己有切身关系的事情上。同时，由于跟他人及外界接触的渐少，对别人的关注与兴趣也减低，而相对较会只关心与自己有关的事。比如跟别人谈话时，只会谈自己的事。一谈到别人孩子的事不太有兴趣，但一提到自己孙子的事就会很兴奋，并且可滔滔不绝地讲给人家听。

这种“自我中心”的倾向，并非“自私”。因“自我中心”或自我关心的老人，在必要时还可替别人处身设想，可表现同情心与同理心，也会跟他人同享利益；而“自私”的人，则通常缺少同情心与同理心，只会顾自己的利益而行事。

2. 警戒怀疑

老年人因为自己应付外界的能力不如从前，出于保护自己的目的，他们会对一些人戒备，会担心别人的用意，考虑别人是不是在占他的便宜。

比如，年老的人往往不敢出门，怕小偷来偷。就算是没有贵重物品，也会锁好大门，并在门后藏着防身的棍子之类。出门时，把身上的几块钱好好收藏在内衣口袋，担心会不会有人骗他的东西，甚或抢劫等等。

3. 墨守固执

由于对于新的观念，或新的企图较不容易学习且吸收，相对地墨守成规，坚持传统与老办法，认为以不变应万变则比较容易。

老年人对新事物的接受性会随着年龄的增大而逐渐地减低，不习惯于学习新来的花样。因此，往往选择墨守成规这一适应方式。

4. 还童幼稚

大家所知道的，年老的人，其心情会多少变得天真可爱些，退回到年幼时的单纯、天真无邪的幼稚心。在高兴或心情不好的时候，这种还童幼稚倾向更加明显。还童幼稚是年老人可爱的地方，也是让年老的祖父母能跟年幼的孙子易于接近的道理。

（二）生理功能衰退带来的问题

1. 功能减退的不安

四肢无力，关节疼，行走有困难，在家不能上下楼梯，出外自己无力过街或上下公共汽车；或者，听力减退，难与人沟通交谈，与外界隔绝，并享受不到生活之乐等等。这些都是令老年人担忧的事。

相比之下，精神功能的变化与衰退则使人更操心。比如因一时紧张记不起来自己家里的电话号码，说不出自己家的门牌号码，或者一下子想不起来自己配偶或孩子们的生日等等，都会令老年人感到不安。

一般说来，本人性格与家庭及环境因素也会对生理功能的减退或障碍产生影响。比如，有些人一向喜欢与人来往，假如听力发生了障碍，就会限制其与人交谈来往，这时他就会显得受不了，心情反应也会相对的严重。假如喜欢写书著作的学者，视力不好，或两手动作有困难，阻碍书写的话，其严重性就可想象得到。

在这种情况下，应该乐观冷静，转移自己的注意力，将自己的兴趣转移到其他方面。

2. 躯体生病的烦恼

喉咙长瘤，开刀后要用管子喂食；直肠长瘤，手术后要在腹部做人工肛门，经腹部排泄大便，不但不方便，还得忍耐难闻的问题等等。这些疾病对日常生活与起居会产生直接的影响，一些年老的人往往会因此失掉生活下去的兴趣。

其他会产生痛苦或会引起不方便的慢性疾病，也会很容易打击老年人的生命意志，使其对生命的留恋逐渐减低，克服困难的斗志相对地减少，因此心理抵抗力也就可能消退。

老年人因躯体的毛病而引发的心情问题，涉及躯体与心情的两方面问题。

一般说来，由有医学背景与知识的治疗者来进行辅导会产生很好的效果。这样既增加患者的信心，又可以依医学上的需要而兼顾两种两方面的问题，提供随时需要的观察及所需的适当检查，而不会只是注重心理方面的困难，而忽略了躯体发生的问题。

治疗者要能切身地体会与了解老人的情况与心境，不要只靠自己的主观去推测，忽略了年龄的差别所带来的感受的不同。同时，要做仔细的分析与判断，明确患者的申诉哪些是实际的躯体性问题，哪些是心理上的作用与情绪上的需要，并以此为根据做适当的处理。

3. 操心、焦虑、忧郁的情绪问题

因自我能力的减退，老年人对各种应急的承受能力也相应减少，支持力也变低。于是，老年人对各种挫折的反应变得比较脆弱，容易表现出操心、焦虑或忧郁等情绪上的反应。譬如，报纸上看到暴风雨将来袭击，就担心怎么去面对；收音机里听到某地发生了地震，就焦虑外出旅行中的家人是否遭到危险。假如说自己血压高些，就害怕是否会脑中风；胃口稍微不适，就怀疑是否患了胃癌。老年人与壮年比较起来，容易为了小的挫折而患情绪上的痛苦。

对于有如上倾向的老人，应多施与支持性的辅导，给予适当的解释与说明，帮助老人家做认知上的了解，减少不必要的情绪困扰。

（三）退休后的适应问题

年老了以后，迟早要从工作岗位退下来，离开每天在外工作的生活。很多人都盼望退休后可以过比较休闲的日子，但有些人对退休后的生活适应不良，容易发生情绪上的毛病，多半是忧郁及焦虑的反应，严重时还得接受辅导或药物的治疗。一般说来，影响退休后的适应情况，有许多因素。值得考虑的因素如下：

1. 既往对工作的态度与习惯

不用说，假如过去是工作很认真，常把整个精神都放在职业上，早出晚归，常常连周末也加班，把工作当成是整个生活重心的人，假如忽然被迫退休，生活就容易失掉重心，发生心理上的困难。

反过来，假如向来把工作只当做是生活的一部分，能把时间适当地分配在个人的乐趣、家人的相处、跟朋友来往的人，一旦退休，对退休后的生活比较会享受，不受退休的负面影响。

2. 对退休的认识与准备

有些人，在退休年龄到达之前，不但在心理上就开始有所准备，在实际生活里也逐渐地增加退休后的生活方式，开始多旅行，逐渐建立各种社会化的机会，也练习在家生活的情况，对于退休有实际的准备。因此，一旦退休，其过渡过程也会比较顺利，少有冲击。

假如退休是突然来的决定，或者是没有预料到的情况，或者明知而不去考虑与做准备，其适应也就不良。

3. 工作性质与退休的年龄

一般说来，从事于需要体力的人，需要早点退休。可是退休后，按理就难于继续从事需要体力的活动，特别要练习从事不需体力的娱乐活动。

假如是需要用脑筋的人，通常可以晚些退休，而且退休后，还可以继续其用脑力的长处去从事各种适合老人的活动，包括做顾问性的工作，从而减少剧烈性的转变。

4. 性格上的伸缩适应性

假如是性格富于伸缩性的，不仅对退休后的情况比较容易适应，也容易开始各种新的活动，适应会比较好。

至于个性比较呆板或固执，习于墨守成规的，对退休后的适应就比较不容易。这是很明显的事。

5. 男女的性别差异

一般说来，女性向来就从事家务，退休后生活在家里比较习惯。可是对于有些男性来说，他们向来不从事家务，也不喜欢呆在家里，退休后就容易发生困难。

6. 躯体健康与经济的条件

除个人的因素以外，会影响退休情况的是个人与家庭的客观情况。不用说，假如一个人身体向来很健康，家里经济好，不用担心吃、住的，有经济条件去从事娱乐活动的，退休后就比较有利。反过来，身体常闹病，家里经济状况也不好，要省吃俭用的，退休后的情形也就少有保障。

7. 休闲生活的习惯与活动

假如一个人只会天天吃饭，一点乐趣也没有，不懂得如何消遣过日子，就容易患上因无聊而来的毛病。

假如能跟别人一起从事消遣的活动，不但容易能打发时间，生活有乐趣，还经由与别人的来往而充实自己的生活。

8. 配偶与家人的合作与支持

退休后，婚姻关系是否融洽，家人对老年人是否很关心，并供给所需的支持，都会影响到老人退休后的适应情况。

9. 对年老的看法与态度

假如一个人对年老的现象保持很正面与积极的看法，能去迎接且适应，退休后的生活也就比较容易而且会顺利。

假如一个人心里总认为年老就是完蛋且没有希望，觉得是绝望的开始，那么，退休后就会更增加其悲观的感觉，无法好好地去接受与享受了。

（四）与家人相处的问题

1. 与子女相处

父母与子女的关系会经历几个不同的显著过渡阶段。即：孩子出生后的断奶阶段、青春期的疏远独立阶段、结婚后的离别成家阶段，以及父母年老以后的亲子关系反转阶段。在最后一个阶段，父母在生活上需要依赖子女的帮助，心理与功能上的角色发生倒转。

可是，老年人在与子女的关系上，却不容易按上述阶段去过渡转变，因而发生困难。

比如，子女们逐渐成熟，在某些方面比他们父母还能干，有新知识，精力充沛；而相对的，快进入老年阶段的父母已将从工作岗位退休下来，生活要变得比较简单，有些知识可能会比较落后，适应困难的能力比较差些，要与成人子女扮演倒转角色，需要依赖子女的协助与建议，必要时还得接受他们的辅助与帮忙。

有些人不太容易适应进入老年后的这个阶段。比如，有时还坚持继续照顾已成长的子女，显出父母的权威；不能平等对待子女、相互协助，不能保持良好的情感关系；与子女变得疏远，或者不愿意适当地接受倒转的角色，有需要时仍拒绝被关照或辅助。

老年时期，造成与子女关系不良好的最重要原因是，过去子女小的时候就没建立良好的关系；父母没有伸缩性的性格，没法适当地转变跟子女阶段性的关系；心理上无法接受自己已经进入年老的阶段，也难于接受处于壮年的子女们比年老的父母还能干、有劲的事实。

这些因素使得老年人不容易跟自己的孩子相处，因此，老年人在与家人相处的过程中应尽量地加以避免。

2. 老夫妻的适应或再婚而带来的困扰

如何过退休后的夫妻生活，是老年人必须面对的婚姻适应课题。

夫妻双双退休后，他们彼此在家相处的机会无形中增加。这是好或是不好，要看每对夫妇的情况才能决定。有的，由于能日夜相处在一起而特别享受夫妇一起生活，但有的却受不了这种过分在一起生活的情况，使得夫妻间原有的相处困难暴露出来。

而且，此时夫妻两人在基本的条件上将逐渐出现许多差距，这些差距只会继续存在，而不会像年轻时那样有调节适应的可能性，可能会带来多少相处方面的问题，包括身体的健康情况、心理成熟或萎缩的程度、对年老适应的态度与方法上等。这种被扩大的差距，有时为了家里子女的事情，可能会被放大而形成严重的问题。譬如，如何准备财产的分配，要哪个子女来照顾等，都可能是招来家庭问题爆发的潜在性问题。

此外，老年阶段的夫妻还可能面对双方年老的速度不同的问题。这不但是生理方面的情况，包括性生活的情形，还包括躯体的健康与精神状况的问题。

假如年老丧偶而想再婚时，要很小心考虑其后果如何，将可能会面对哪些问题，否则为了一时的兴趣或心情上的需要而再结婚，可能会遭遇一些意想不到的各种心理困难。

（五）丧偶或子女去世的悲伤反应

1. 丧偶的一般悲悼反应

配偶与自己共同生活了几十年，就像自己的另一半一样。对老年人来说，最伤心的事莫过于丧偶。

对于丧偶，有些人早就有心理上的准备，实际生活上也有所安排，对于丧偶的发生较能接受且适应。可是对那些不容易独立自主地应付生活的人来说，配偶的突然去世，造成的挫折与打击会特别大。

实际的生活经验及临床观察表明，一个亲近的人去世后，开头的两三个星期里，往往会有较强烈的心情反应。会心情不佳，难过伤心，会责备自己，后悔没好好照顾，有许多事还没替去世的亲人做等等。会很思念去世的亲人，会发生幻觉，犹如听到或看到去世的人还在身边，或在梦里梦见去世的人等等。两三个月后，这种强烈的心情反应通常会慢慢平静下来。这些都是丧失亲人时，会发生的悲悼反应过程。对于丧偶的寡妇或鳏夫也是如此。

假如哀悼反应超过两三个月，仍胃口欠佳，睡眠也不好，时时悲伤，很苦闷，甚至有厌世之意念，则可说是过分或者是病态的丧偶悲悼反应，宜接受精神科的医护与治疗。

2. 男人与女人对丧偶的反应差异

统计上说来，男的平均寿命比女的短三五年。因此，一对夫妻，通常是丈夫先去世，留下来的妻子多活几年，过寡妇的生活。偶尔妻子先过世，丈夫留下来，过无妻的鳏夫生活。

从性别上说来，女人比较习惯家庭的生活，喜欢烹饪，洗衣服，丧偶后容易适应家庭的生活；只是不容易出去跟人交往，过社会性的活动，也比较不容易处理需要男人做的吃力的劳动。相对的说来，男人素来不习惯烹饪、洗衣服等这些家事的，失掉妻子以后，就比较难以适应生活上的基本需要，包括三餐饭的准备或别的家事。

目前，许多以男主外、女主内的亚洲国家都在提倡男人的家庭化训练，以帮助其趁早练习如何进厨房动手煮饭烧菜，练习洗衣服等等。这样不但平时可帮助妻子做家事，增加夫妻的友好，到年老时万一不幸丧妻后，还可以保证自己生存下去，减少丧偶的冲击。

3. 年老父母丧子的痛苦

假如一家人个个都健康的话，按自然的道理，应随着年岁与世代的不同而父母先去世，子女后去世。可是，事实上并不见得都是如此。特别是平均年龄延长以后，许多情况下是中年的子女因疾病而先死，或者壮年的子女因意外事故而去世，而年老的父母还存在着，去面对丧失子女的哀悼。

这是很凄惨的事，但是随着父母年岁的显著延长，这也变成是比较可能发生的事。如何去面对与接受这样不幸的人生悲剧，是现代老人无法避免的一些可能发生的情况，也无形中增加了老人心情上的痛苦。

（六）生活孤单与终生的焦虑

1. 生活孤单、寂寞与忧郁

由于身心的变化，再加上环境的因素，有不少老人容易陷于孤单寂寞的生活，产生忧郁不乐的心情。特别是自己的家人不常来看他，来了也不愿意多听他对身体毛病的诉苦，不体会老人的心境，有时再加上孩子不孝顺，都是令人很伤心的。

多半的老人都不习惯轻易地交新朋友，顶多只会维持过去认识的老朋友，因此自己的社交范围只会一天比一天地缩小，跟亲友在一起的场合会一年比一年地减少，跟自己聊天的对象只会越来越少。再者，时时都会接到老朋友死亡的消息，令人感慨伤心。除非能把自己的生活充实，自己享受自己的天地，否则老人容易患上忧郁症。

2. 残疾或衰退的焦虑

如何去避免躯体或精神上的衰退甚至残疾，或者去面对应付这样不好的情况，是许多老人所关心和担心的事情。

一旦发生上述状况，老年人对日常生活的适应就会变得困难起来。这种情况下，是由家人或其他人来照顾，是在家里过日子，还是进入疗养院，是要提前考虑的事情。

即使想继续住在家里，如何请人来照顾，自己的孩子能否有时间来看，是否会给家人添麻烦、增加负担，是否会引起彼此间的冲突等等，都是很现实的问题。从实际的经验来看，要在家长久照顾残疾的年老父母，的确会给家里人带来许多心理与精力的负担。假如想住到疗养院，也有许多问题，譬如邻近地方是否有疗养院，其设备与工作人员的水准如何、费用多少，是否能长期负担等等，都是很实在而烦恼的事情。

3. 终生的惧怕

老年人的心理问题，除了担心配偶的去世之外，还会害怕自己的死亡。

有些老年人心里仍觉得目己的工作事业或抱负未完成；或是担心家庭里存在的大问题未解决，会把问题遗留给下一代，或者有许多心事未能有所交代，而担心自己哪一天会过早死亡。有些老人因觉得自己还年轻，一旦患了不治之病，将过早死亡，会感到不甘心，死不瞑目。有些老人，因自己过去曾对离别有创伤经验，会容易害怕死亡，也害怕去世时无人在旁侍候，自己一人孤单去世。

因此，也有不少老人心思寄托到宗教上，对于自己的后世有心理上的安排。有的，逐渐把生死看作是自然的现象，泰然看人生，把死亡当作是犹如上床入眠似的，会安心去世，少有忧虑。换句话说，随个人的情况而做终生的准备。

[案例]

有位家住北京海淀的严老太太 72 岁了。她有一儿一女，都成了家。儿女因为忙于事业，又要照看各自的子女，很少去看望她。

虽然孙子们就读的学校离老人住处较近，但是儿女们却认为孩子还是自己带更好，所以坚持不让老人照顾孩子。

而且，严老太太发现儿女们在决定一些家庭大事时，根本不与她商量，往往事情过后她才知道。严老太太感到自己在儿女眼中只是个没用的老太太。于是她很少出门，并常喃喃自语：没有用了，他们不要我了。好在邻居们及时发现并通知了她的子女，儿女们这才意识到应该关注母亲的心理需求。

［专家门诊］

老年人常常会感到自己老了，家庭和社会就不再需要他了，因此会有被社会排挤在外的感觉，严重者可发生自杀等事件。这种心理与老年人的自尊心受挫有很大关系。

自尊是一种相信自身存在价值的能力。自尊受挫或自尊不强，就有可能产生自卑、消沉、沮丧以至丧失自信心。退休后，老年人的生活重心转向家庭，所以在家庭中子女应该帮助老人重新构建自尊，满足老年人的心理需求。

第一，为退休后的生活制订计划。退休后，工作环境和生活环境发生了很大的变化，老年人的精神需求往往会更加强烈。子女可以与老人一起讨论制订一个退休后的生活、学习、活动计划。

第二，要让老年人有机会展示个人特长，增强老年人自身的成就感。子女们应支持和鼓励老年人参加有益的社会活动，做到“老有所用”，“老有所乐”，丰富老年人的精神文化生活。

第三，要让老年人有家的归属感。俗话说："不怕缺金少银，就怕骨肉不亲。"儿女应常为老人做顿可口的饭菜，在老人生病的时候要悉心照料。老年人往往有很强的自尊心，容易固执己见，做子女的不要和老人较劲，更不能恶语相向。只有充分尊重老人的价值观念和生活习惯，才能建立和谐美满的家庭关系。

（七）焦虑症测试

下面是测试您有无焦虑症状的，请根据您一周内的情绪体验，并结合实践活动选择回答。

A. 很少有；B. 有时有；C. 大部分时间有；D 绝大部分时间有。

1. 我感到比往常更加神经过敏的焦虑。
2. 我无缘无故感到担心。
3. 我容易心烦意乱或感到恐慌。
4. 我感到我的身体好像被分成几块，支离破碎。
5. 我感到事事都很顺利，不会有倒霉的事情发生。
6. 我的四肢常感抖动和震颤。
7. 我因头痛、颈痛和背痛而烦恼。
8. 我感到无力而且容易疲劳。
9. 我感到平静，能安静坐下来。
10. 我感到我的心跳较快。
11. 我因阵阵的眩晕而不舒服。
12. 我有阵阵要晕倒的感觉。
13. 我呼吸时进气和出气都不费力。
14. 我的手指和脚趾感到麻木和刺激。

15. 我因胃痛和消化不良而苦恼。

16. 我必须频繁排尿。

17. 我的手总是温暖而干燥。

18. 我觉得脸发烧发红。

19. 我容易入睡，晚上休息很好。

20. 我常做噩梦。

评分规则：

	A	B	C	D		A	B	C	D		A	B	C	D		A	B	C	D
1	1	2	3	4	6	4	3	2	1	11	4	3	2	1	16	4	3	2	1
2	4	3	2	1	7	1	2	3	4	12	4	3	2	1	17	4	3	2	1
3	1	2	3	4	8	1	2	3	4	13	1	2	3	4	18	4	3	2	1
4	1	2	3	4	9	1	2	3	4	14	4	3	2	1	19	1	2	3	4
5	4	3	2	1	10	1	2	3	4	15	1	2	3	4	20	4	3	2	1

测试报告：

焦虑临界量是50，分数越高，焦虑倾向越明显。如果测试出您有焦虑症，请不要着急，应该在生活中多注意调节，使自己心情平静下来。

（八）抑郁情绪测试

下面这个测试是根据您一周内的情绪体验，根据实践活动选择回答。

A. 很少有；B. 有时有；C. 大部分时间有；D 绝大部分时间有。

1. 我觉得闷闷不乐，情绪低沉。
2. 我觉得一天之中早晨最好。
3. 我一阵阵地感觉心情压抑。
4. 我晚上睡眠不好。

5. 我吃的和平时一样多。
6. 我与朋友们接触时和以往一样感到愉快。
7. 我发觉我的体重在增加。
8. 我有便秘的苦恼。
9. 我心跳比平时快。
10. 我无缘无故感到疲乏。
11. 我的头脑和平时一样清楚。
12. 我觉得经常做的事情并没有困难。
13. 我觉得不安而平静不下来。
14. 我对将来依然抱有希望。
15. 我比平常容易激动。
16. 我觉得做出决定是容易的。
17. 我觉得自己是个有用的人，有人需要我。
18. 我的生活过得很有意思。
19. 我认为如果我死了别人会生活得更好些。
20. 平常感兴趣的事我仍然照样感兴趣。

评分规则：

	A	B	C	D		A	B	C	D		A	B	C	D		A	B	C	D
1	1	2	3	4	6	1	2	3	4	11	1	2	3	4	16	1	2	3	4
2	1	2	3	4	7	1	2	3	4	12	1	2	3	4	17	1	2	3	4
3	1	2	3	4	8	1	2	3	4	13	1	2	3	4	18	1	2	3	4
4	1	2	3	4	9	1	2	3	4	14	1	2	3	4	19	1	2	3	4
5	1	2	3	4	10	1	2	3	4	15	1	2	3	4	20	1	2	3	4

测试报告：

您的得分是多少呢？

如果是50分以上，这是一个不妙的趋势，因为分值越高抑郁倾向越明显。以后得注意了，要心怀放宽。

如果是50分以下，那么恭喜您！您的分值表明您目前状况良好，要注重保持好。

（九）让老人有个好心态

几个老人在一起聊天，谈起退休后的“业余生活”，有的说“搓麻将”，有的说“迷钓鱼”，有的说“打门球”，有的说“带孙子”……可谓生活丰富多彩。有位老朋友却说：“退休是第二人生的开始。”大家惊诧，说话者继续解释：“人生像一本大书，有序有跋，分上下两卷。四条腿（孩提爬行时）走路时是序，三条腿（年迈拄拐杖时）走路是跋。在岗是上卷；耳顺是下卷。下卷还像一张白纸，离作跋还远呢！”

我暗暗佩服这“第二人生论”。当我们感悟第二人生时，“老有所为”并不是奢谈：姜还是老的辣；树老的大；果老的香。虽然“人生易老天难老”，但“天老很难变，人老出圣贤”。纵观古今中外历史，基本没有太年轻的圣人、导师，而总有老人生前名重，走后流芳百世。

今天，面对“夕阳红”，我们感慨一个人从踌躇满志的青年到步履蹒跚的老人，真正能陪伴自己一生的不是名利、地位，而是家庭。因此，老人朋友们要善于调整家庭氛围，烦恼的事、揪心的事，能丢则丢，能放弃则放弃。对于我们更重要的还有健康，是健康的身体、健康的心理。

愿老人都应有一个晚境的好心态。

话题5　冲出对“死亡”的恐惧

话题引入

老年期最难克服的障碍就是对死亡的恐惧，并会因此而闷闷不乐、郁郁寡欢。长此以往，即便是健康的身体，也会因为心理上的障碍而遭到损坏。老年人要想健康长寿，首先要注意的就是正视死亡的必然性，并在此基础上寻找适合自己的生活方式，度过一个积极有意义的晚年，与家人共享天伦之乐。

老人应当防止触景生病

我的爷爷最近不知怎么回事，前几天邻村的张奶奶去世了，他居然一天没吃饭，坐在家门口抽着烟，阴沉着脸，后来又像失魂落魄一样没精打采。昨天是他的生日，我们都准备好了蛋糕，他却一口都没吃。还有去年秋天，他整天唉声叹气。我真搞不懂。

要知道，这是老年人最容易犯的心理毛病——“触景生情”。“悲哉，秋之为气也”。秋意渐浓，落叶飘零，凄凉的景色很易使人产生一种悲凉感，所以古人将秋季称之为“悲秋”。在这个季节里，老人常会陷入不知所措、沮丧和抑郁状态，表现为精神恍惚、六神无主、忧郁寡欢。而心情不舒畅会引起体内气郁血滞，若不加以疏导调节，就会诱发抑郁症及其他躯体疾病。

所以，老年人要“因时制宜”，采取积极的防治措施，注重采光与活动。在有阳光的日子里要多多沐浴阳光，进行一些户外活动，运动肢体关节，促进肌体新陈代谢；尽量减少独处，积极投身群体活动；做到生活有规律，按时作息，保证足够的睡眠。杜绝“日暮黄昏”、伤怀入骨的不良情绪影响和因此导致对死亡的恐惧。

一、正视死亡的必然性

如前文所说，丧失是不可避免的，是客观的，又是多方面的。如果只是抱怨丧失，不能以乐观明智的态度对待丧失，那么老年期将会非常烦恼和灰暗。

其实，老年人完全有能力承受那些丧失，只要在坚强的意志的指引下，针锋相对地向丧失挑战，老年期也可以改变为“更加充实的生活确立期”。我们所说的，实际上就是一种对年老的态度。

（一）对待年老的态度

对待年老的态度还有很多种，下面几种是比较典型的。

1. 抱怨和忧愁

无论是认为年老是“生命的拙劣的模仿”，还是认为“老年就如航船遇难”，人们对老年的抱怨与忧愁是自古有之的。

年老会遭受大量而沉重的丧失，这是必然的。但是，如果把老年看成对末日的等待，那么，老年期的生活就完全涂上了悲观的色彩，往后的岁月也就充满了忧愁。

2. 理智地迎接老年期到来

理智地迎接老年期的到来，承认和照顾自己体力上的不良症状，这样的态度才是最积极有用的。

当我们在冷静地接受衰弱的同时，要相应地采取一切措施，把自己的思想从身体的限制中解脱出来，努力使我们身体上的烦恼在对待生活本身的欢乐和理解中得到克服。

艺术家说，年纪不只是一种无能，它也是一种紧张而变化的经历，如果它是一种永久的失败，那么它同样是一种胜利。

人生的每个阶段虽然都有它的丧失，但同时，我们的心灵只是越来越丰富，而我们的人生的每一程，每个时期都有它自己的光辉，都有它的特色和收获，这每一个阶段，都是必不可少的，我愿意尽情的去享受它们！

（二）一生，60岁才开始

爱尔兰作家萧伯纳说：“60岁才是真正的人生。”

孔子说：“六十而耳顺，七十而从心所欲不逾矩。”意思是，人到60岁以后，思想和行为才更符合外界的客观规律，得心应手，成熟老练，才能真正体悟人生的真谛。

1. 60岁以前，工作是骨干，生活是中坚，上有指示，下有请示，家有苦事，把人搞得焦头烂额，疲惫不堪。

2. 60岁以后，不再请示汇报，不再看人脸色行事。往日的争强好胜、恩恩怨怨、磕磕碰碰，都已烟消云散。用过来人的眼光辨清人间是非，心静如水，找回了自我；许多不切实际的渴望没有了，争名夺利的念头消散了。如同返璞归真一般，只求在人世中享受属于自己的那一份顺其自然的生活，真正步入了自由自在的快乐人生境界。

3. 60岁以后，父母上天安息，子女成家立业，再不因为上老下小的生计劳心费神。回望人生旅途之坎坷，顿觉如释重负，轻松快活。

4. 60岁以后，才真正懂得了“健康是人生第一财富”

的道理，精心养生保健，不再计较个人得失，不再过度劳累，不再与生命开玩笑。

5. 60 岁以后，明白了“少年夫妻老来伴”的真实意义。回想过去，常因家务小事斗嘴吵架；展望眼前，两鬓雪染，眼花手慢，深切体味到相互关爱、难舍难离的可贵。

6. 60 岁以后，一般来说，人的机体还健康，思维还敏捷，最宝贵的是人的工作、生活经验丰富成熟，退而不休，可做一些自己兴趣中的事业。不少诺贝尔奖得主在60岁以后摘冠。这些说明60 岁以后，又是一个创业的春天。

（三）克服对死亡的恐惧，坦然面对

老年人最大的心理障碍是怕死。的确，他们操劳一生，留恋人生。老年人因为离死亡较近，所以，摆脱对死亡的恐惧也是他们的一大心理难关。人都是怕死的，生命对谁来说都是一样的宝贵，谁都不愿死去。但是生老病死又是自然的规律，除了尽量让自己活得健康和长久之外，我们也应该很坦然的迎接生命末日的最后到来。老年人应该明白，虽然人生到了末期，但活着的意义对生命来说才是最可贵的；死不算什么，怕的是活着却无事可做，没有了生活的意义与目的，活着也并非就是美好。

1. 首先，老年人应该平静地意识到死亡是必然的，生老病死是自然规律，人类在遗传上注定要死亡，是不为人们的意志所转移的。自然界是这样，人类也是这样，老的老了就会离去，以便为新的一代留出位置和空间。从童年、青年、成年到老年，死亡是任何人也回避不了的，死

亡不应该让我们恐惧，而只应该加深和美化我们对存在的感觉，增加我们对生活的热爱。

2. 其次，老年人一般是因心脏病、癌症、中风等导致死亡率比较高的疾病而死亡。但是，除了他们身体本身的疾病外，与社会有关的死亡原因也不能忽视。比如：各种意外事故，亲人死亡引起的身体、心理反应，因内疚、悲伤和忧虑等“心病”引起的身体疾病。

（四）不良情绪是健康的大敌

一个人的情绪怎样，可以影响他的健康状况。这是心理学专家时时刻刻提醒老年朋友注意的问题。然而，并不是每位老人都能重视这个问题。下面我们介绍一些常见的不良情绪能给身体带来哪些危害。

1. 暴怒是健康的杀手

暴怒是情绪激动的一种表现形式。人在遇到极其不愉快的事情时，往往无法控制自己的情绪，以发怒来表现心中的气愤。从心理学角度看，怒是心理矛盾冲突的表现形式，也是心理失衡的反映。有的研究证明，人的愤怒情绪得以发泄，反而有益于心理健康。但这里提到的发泄，是指短期的心理宣泄。一方面，怒气不能超过自己所能承受的程度；另一方面，不能让愤怒延续时间过长。

有一位退休干部，患有冠心病、阵发性心房颤。有一天，他与其他老人一起打地掷球，因为对双方的球距离小球的远近意见不一而发生争议，情绪激动，一怒之下折断了裁判用的测量尺，愤然拂袖而去。然而，不幸的事出现了，老人刚走出几步就感到胸闷、气短、咳嗽，然后呼吸困难，在送往医院的路上就停止了呼吸。这是暴怒引起死亡的例子。

2. 压抑是癌症的诱因

美国心理学家曾对250名癌症患者进行了心理调查，发现其中156人在发病前有过情绪低落、人际关系紧张以及对现实生活不满等不良社会心理因素的刺激。国外还有研究资料表明，不良的情绪可能导致癌症细胞转移。因此，专家称，不良情绪是癌细胞的催化剂。

鉴于此，老年朋友应保持宽阔的胸怀和乐观向上的情绪，适时消除不良心理因素的影响，以维护身心的健康。

3. 疑虑是损寿的病根

所谓疑虑，指的是一种怀疑和忧虑的情绪状态。短时间的疑虑一般对人的影响不大，如果长期疑虑则会产生心理疾病，进而引发身体的各种疾病。所以，老年人应该养成宽广的气度，不要斤斤计较一些小事。

有些老年人常常会因为没有根据的小事而忧虑重重。今天查到血压偏高，就怀疑得了冠心病；明日见到一个熟人没与自己打招呼，就想我是否得罪了他。诸如此类，整日胡思乱想、疑神疑鬼，以致头昏脑胀、失眠、身体消瘦，严重时还会出现神经错乱。

4. 紧张是身心健康的大敌

有一位58岁的女性老人，因患有高血压病，在家休养。有一天，一位从外地来此出差的大学同学打来电话，说要登门一叙过去的友情，老人心情很激动。到了预计时间还不见老同学到来，她就急匆匆到车站去接，又未接到，更加心急如焚，等她赶回家，老同学已先她而到。她急忙帮朋友打热水洗澡，之后自己也进了浴室。想不到她在洗澡时突发了脑溢血，倒在浴室的地上。由于送医院救治及时，性命是保住了，却落下了偏瘫的疾患。显然，精神紧张是本病例的主要诱因。老年人，特别是高血压患者，一定注意不要太紧张和焦虑，情绪不可过分激动。

老年人无论在何种情况下，都应该控制和调节自己的情绪，远离暴怒、紧张、疑虑、压抑等不良情绪，保持良好的心情。

对一些有性格缺陷的人，要促使他们不断地塑造自己的性格，使之趋于完善。要面对现实，树立正确的人生观，不论什么意外事件发生，要提得起，放得下，学会用理智调节控制自己的情绪，抑制消极情绪和冲动行为。

［案例］

某同志离休未离岗，本是一件很值得祝贺的事情。令人遗憾的是，他自觉工作热情陡衰，生活情趣日减，整天打不起精神。

［专家门诊］

这完全是一种病态心理——“感情淡漠症”和自卑心理的综合反应。

他本是一位勤恳开朗、工作认真的同志，实不该在耳顺之年就产生“行将就木而苟安一隅”的悲观。若按当今年龄段的划分，他才刚逾中年，本应工作一如既往且生活情趣倍增才对。作家王忠瑜“蓦然花甲始知春”，踏入老年后方觉得更自由、更富有生气了，还怡然操起青年时酷爱的画笔。大学者罗素80高龄学写小说，并获得诺贝尔文学奖，他说“是一种强烈的激情支配着我的一生”。

该同志目前缺少的恰恰是这种激情。“叹吾生之须臾”的悲观使其对一切变得冷漠而无动于衷。古人云：“慎终若始，终而不困。”人的一生应该始终保持朝气，保持一种积极进取的竞争意识才能怡然自得。当然，这种竞争一是量力而行；二是其内涵可以拓宽一点，除事业工作外，还应包括生活的诸方面，如比比谁越活越健康，以及球、棋、烹、钓的技艺等等。我们不妨借鉴西方管理心理中“跳起来摘桃子”的理论，为自己设计几个“跳一跳能够得着的桃子”，来激发自己的情绪。正如一位哲人所言，只有使生活的每一瞬间都有一个具体可行的目的，才能保持生活的激情。

（五）预测寿命的一般方法

大家都知道，人的寿命长短不是可以随心所欲的，而是与环境、饮食、个人卫生、遗传等因素密切相关，处理好这些因素，您就可以获得个人所应有的长寿。

但是，随着人们日益富裕和生活水平的不断提高，也有一部分人养成了一些不良的生活习惯，削弱着自己的健康，克扣着自己的生命。这实际上是一种慢性的自戕行为，需要引起警惕。

最近，国外有关专业人士根据医学研究结果，探讨了影响人类寿命的一系列有关因素，并据此拟定了25个相关问题及其应有的分值。您不妨根据自己的情况，测算一下自己的预期寿命，并将测试题中涉及的有关因素作为改善自己生活条件和修正个人不良习惯的参考。

现在，请您回答下面所列的25个问题，然后对所得分值加以计算和综合分析。

1. 您吸烟、嚼烟叶（丝）或常与吸烟者在一起吗？是 = -10　否 = +10

2. 您每天多次吃快餐，吃熏烤食物或罐头肉食吗？是 = -3　否 =0

3. 您常吃烧烤到出现深色焦痂的鱼、禽类或其他肉食吗？是 = -3　否 =0

4. 您不吃黄油、乳脂、甜食、其他含饱和脂肪酸的食物（如全脂奶制品或糕饼等）及油煎食品吗？是 = +3　否 = -7

5. 您是否尽量少吃肉类，而代之以较多的水果、蔬菜及粗食（如糙米、全麦制品等）？是 = +5　否 = -4

6. 您是否每天喝两次以上含酒精的饮料（约相当于0.6升啤酒、0.3升葡萄酒或100毫升白酒）？是 = -6　否 =0

7. 您是否每天饮酒达到上述量以下？是 = +3　否 =0

8. 您住处的空气污染程度是否已达到警戒线？是 = -4　否 = +1

9. 您每天是否饮咖啡0.5升以上？是 = -3　否 =0

10. 您每天饮绿茶吗？是 = +3　否 =0

11. 您每天服一片阿斯匹林吗？是 = +4　否 =0

12. 您每天是否不仅刷牙，而且还用牙丝或其他方法清洁牙齿？是 = +2　否 = -4

13. 您至少隔天有一次大便？是 =0　否 = -4

14. 您感染艾滋病病毒（HIV）或致癌病毒的危险性增高了吗？即您是否进行无防护的性生活，是否常更换性伴侣或注射毒品？是 = -8　否 =0

15. 您是否试图使您的皮肤变成褐色，如日光浴等？是 = -4　否 = +3

16. 您的家里是否有危险的氡射线？是 = -7　否 =0

17. 您是否测定过您的体重指数（即体重公斤数除以身高米数的平方）？结果如小于 18 = -7，18 ~ 26 = +2，27 ~ 29 = -7，30 ~ 34 = -10，35 ~ 39 = -15，大于 40 = -25

18. 您是否与亲属（不指伴侣或未成年孩子）贴近居住，而且能随时对他们进行访问？是 = +5　否 = -4

19. 下面两项中哪一项适合您？

A. “紧张状态使我累垮”，是 = -7

B. “我能消除紧张状态”（例如通过运动、幽默、服药等），是 = +7

20. 您的父母或兄弟姐妹患有糖尿病吗？是 = -4　否 =0

21. 您的父母均在 75 岁以前去世（不包括意外如车祸）吗？是 = -10　否 =0

22. 如果您的双亲在 75 岁时仍健在，需要您每天照顾吗？是 = -10　否 =0

23. 您的近亲（父母、祖父母、叔伯、姑姨）中有一人在总体上健康状良好的情况下至少活到了 90 岁吗？是 = +24　否 =0

24. 您每天至少运动 20 分钟吗？是 = +7　否 = -7

25. 您每天服用维生素 E（800 国际单位）和硒(100 ~ 200 毫克）吗？是 = +5　否 = -3

对上述25个问题答案中的正负数分别加以统计，然后将统计结果除以5，您将得出一个正数值或负数值，用此数值您就可以测算出您个人的预期寿命。

具体方法是：如果您是一位女性就以87岁为基数，如果您是一位男性则以84岁为基数，然后再加上您得出的上述个人数值（即：如果您得出的是正数值就加上，如果负数值就减去）。

这样，就可测算出您自己按目前生活方式可以预期的寿命。如果您目前的年龄已经超过了按上述方法计算出来的结果，这就表明您拥有不同于一般的遗传基因，从而抵消了某些危害因素对您的不良影响。这当然是令人高兴的事，祝您健康长寿！

（六）摆脱不良情绪的危害

人生一世，喜怒哀乐，在所难免。但部分人在激情状态，如狂喜、痛苦、绝望、恐惧、暴怒时，往往会失去理智的控制，不考虑后果，做出一些在正常情况下不会做的事情，即所谓“感情用事”。其结果不仅可能造成不良的社会后果，而且也会损害个人的身心健康。虽然激情暴发和一个人的性格特征、神经类型有一定关系，但激情多数表现在意志力薄弱、缺乏文化修养的人身上。只有意志坚强、有文化思想修养、对自己行为表现具有社会责任感的人，才能用理智的力量去抑制感情的冲动，不做情绪的奴隶，而做情绪的主人。

因此，过于急躁的人，要学会自制，沉着、冷静；性格孤僻的人要学会善于与人共处，培养合群、活泼、开朗的性格；过于忧郁的人，要少回忆不愉快的过去，多体验现实的幸福，多展望美好的未来。总之，要善于寻找乐趣，不要自寻烦恼。

此外，还要培养幽默感。幽默是一种特殊的情绪表现，也是人们适应环境的工具。具有幽默感的人，生活充满风趣，许多看来令人痛苦、烦恼的事情，用幽默的态度去应付，往往使人变得轻松起来。

二、度过一个积极有意义的晚年

哲学家罗素曾经说过，老年人恐惧死亡是没出息的。

他认为："一些老年人常在死亡的恐惧中过活。这要放在年轻人身上是有情可原的，因为他们还没有享受到生命所能带来的全部乐趣。但这要是出于尝过人生酸甜苦辣的老人身上，出于已经完成了自身使命的长者身上，他们却也够卑鄙和没有出息的了。"

他说："一个人的生命历程应该像一条河——开始涓涓细流，在狭窄的堤岸间行进，冲过岩石，跳过瀑布；其后水量变大，堤岸后退，流速湍急；最后，没有明显的停顿，汇入大海，毫无痛苦地失去自我之躯。人到老年，看到自己的生命历程能像这条河一样，他就不会惧怕死亡，因为他所挂念的事情会延续。而且，精力衰竭，疲倦不堪，永久的休息也是令人神往的。"

（一）老年人要再次确立人生的意义

就像罗素所说的那样，如果老年人能够平静地迎接死亡，将是生命的最高境界。即使他还可以为社会作贡献，但是生命已经到了尽头，又何不就此安息呢？要相信你正在做的事情，别人可以接过去做，你不能做的事情，别人更能够做到。关键是你是否对自己满意，你是否已经感到心满意足。

因此，老年人到了人生的末期，必须要再次确立自己人生的意义。

社会心理学家告诉我们，凡经历过完整生活而又尊重现实的人，是会勇敢地承受死亡的，他们较少焦虑。如果已经为社会的前进做了贡献，那么自己也无愧于社会所给予的一切，也无愧于自己的生命。如果一个老人度过了有意义的一生，他就应该勇敢地面对死亡，承受死亡而没有遗憾与内疚。

可以这样说，人们在生命过程当中的成就，决定了他面对死亡时是否平静和坦然。老年人在有生之年，应该使自己有限的时间过得有意义，做自己力所能及的事，努力充实自己的生活。在晚年，老年人更要热爱自己的生活，要充满信心地、有计划地尽可能完成自己尚未完成的事业，以补偿过去的不足。一个有丰富的生活内容和美好的向往的老人，他给我们的印象是积极、安详、恬静的。他们不断继续以前做的事情，又经过学习，进行新的探索，忙个不停，寻找新的人生意义。

（二）老人宜有的生活要领

1. 积极而平稳

跟壮年期或中年期比较起来，对于自己的生活方式，老年人要注意继续积极保持自己的兴趣，以便能维持自己的生活富于内容而不单调。同时，也要考虑如何维持自己生活的平稳性，不做过分的事，不尝试太激烈的事，或从事过于变化而难以适应的新花样。

比如，过去喜欢做园林工作的人，还是应该继续去享受花园的工作，但要避免搬过重的东西而把腰伤坏了。平常喜欢爬山的人，还是可以去野外活动，但不要再冒险爬很难爬的山，只爬比较容易的山，这样不会把身体弄坏，等等。积极而平稳间的协调乃是老人生活成功的要领之一。

2. 伸缩与适当

老人的另一生活要领，就是要注意如何保持有伸缩性和适当性。

要时时检讨自己的心身状况，今天感冒了，少做些院内的除草工作；明天觉得感冒好了，身体很健康，就多些散步。这个星期，天常下雨，关节也痛，就不到外面跑步，在家做轻松体操；下星期，天气转晴了，腰也不酸，就跟孙子钓鱼去。要注意情况，不勉强逞能，或过分退缩，依情况而做适当的调节。

3. 乐观与现实

老人要抱着能过一天便好好享用一天，“明天下了雨，生了病再说”的乐观态度。

不要天天担心关节又疼了，血压稍高了，又有亲友去世了，而把自己一天一天的生活过得愁眉苦脸的。每个人都有离开此世的那一天，所以，有一天就要过好一天，有一个月就要过好一个月，好好把握手中还有的今天与这个月，去过自己想要过的平静且富于快乐的日月。就算是哪一天生病了，或发现患了癌症，也无所谓。这种乐观的生活态度很重要。

4. 后顾与准备

进入老年期以后，应该时时检讨自己对后事的交代、遗嘱的修正以及其他该有的终世准备。有了好的准备，就可以随时结束生命，不用担心有不了了之或难于交代的事。有了去世的准备，也就能好好去享受剩余的岁月。正面地去思考且准备自己的将来，是老人心理健康的表现。

（三）家人对老人心理卫生应有的认识

如何对待年老的父母，是做子女的一件重要事情。这不仅是生活上或经济上的问题，也不仅是实际关照的技巧与工作，而是心理上的了解与态度。

1. 充分了解老人生活的特点与需要

首先要了解老年人在心理上有何特点、行为及生活上有何特征。只有这样，才能好好与老人相待。

譬如说，年岁大的父母，可能在躯体的行动方面有点困难，记性有点差，情绪有点脆弱又幼稚些。但是做父母的，在心理上仍希望自己的子女还是好好地尊敬他们，把他们当作是老一辈的。尽管年老的父母有许多事得靠你来做，或由你来做重大事的决定，但在形式上仍得尊敬老人家，不要损坏父母的尊严。

其次，做子女的要充实关于老人方面的知识，以便能了解如何适当地帮助年老父母的生活。虽然子女还处在壮年期，还没有老人的实际体验，也可能不十分了解父母的心理如何，躯体与五官功能如何。可是，一些常识还是要知道的。比如说，年岁大的人口味差，但又不能吃太咸的东西，以免对血压不好。因此，可以靠经常更新食物，以引起老人的食欲。或者通过跟大家一起吃饭，有家人聊天，边吃边谈，也可以津津有味。又比如说，年纪大的人，膀胱的容量减少，晚上需要常起来解小便，而夜晚光线不好，眼睛看不清楚，需要装上夜灯，照亮走廊；而且不要在行走的地方摆东西，以免摔跤致使老人骨折，等等。有了这些关于老人的知识，就能帮助年老的父母去安排他们的生活环境了。

最重要的莫过于如何调节对老人的帮助程度了。原则上说来，年轻的子女要鼓励年老的父母尽量自己做事，而不要过分“孝顺”，事事都替父母做；或者嫌老人做得不好，不干净，反而弄脏了，因此索性就不让老人动手，干脆自己做完。

现代的老人要练习自己照顾自己的能力，自己能动手就自己动手，这样才对老人好。

因此，年轻人要懂得适当地供给老人所需的协助，而且要鼓励老人能随自己的身心情况，适当地调节，尽量自己去尝试，自己去做。除非有了困难，家人才提供所需的帮助。如此懂得观察、判断，并适当地协助，是年轻人对待老人的要领；犹如父母对待年幼子女似的，要懂得调节，视情况而适当地进退。

2. 预料性的准备

做子女的还得懂得去预测年老父母将来可能经历的途径，即今年如何，五年后可能如何，十年后又将如何，以便能有个大概的准备。

譬如，今年老夫妻还可以双双去参加旅行团，那就想办法筹旅费，鼓励他们参加，以免再过几年万一两人之中有一位无法同行，再没有机会享受双双去旅行之乐趣而遗憾。比如今年还可以住在自己的房子里，自己照料自己的三餐，但是两三年后情况将可能会变化；假如到了无法自己吃饭，洗澡，要人样样照顾时，是否要搬住到与老人更邻近的地方，以便每天照料，或者劝老人住到养老院。这些最好能考虑在内，以便到时候能随机行事。特别是子女多时，各个兄弟姐妹的家庭情况不尽相同，与父母的情感也不同，况且子女们都已结婚，有自己的配偶与自己的子女，因此媳妇或女婿们也有他们的意见，大家会有不同的想法，对年老父母的生活安排也会有不同的建议。

总之，兄弟姐妹之间能互相商量，订出一个父母能接纳的安排。这是很复杂的心理问题，最好能随时沟通，相互商量，视情况而考虑。

3. 对事后及死亡的预先交代与准备

有些老年人豁达且开明，对自己将来的后事及财物的分配会有个事先的计划与决定，以便让下一代有原则和指示可循。可是有些父母较保守，不习惯如此考虑事情，因此，做后辈的可以有技巧地督促年老的父母有所考虑与表示，以方便年轻人遵循老人的意愿去办理。

这并非是年轻人希望年老的早死，而且是希望年老去世后能遵照父母的意愿来办理与后事有关的事；也是帮助年轻的一代减少不必要的烦恼。因父母对自己的财物分配没有好好的交代，而事后引起兄弟姐妹争吵，甚至大闹上公堂的案例不少。这不仅仅是钱财的问题，而且是情感的问题，能好好处理，就可避免这种烦恼或冲突。

[案例]

我爸爸特别固执，我小的时候他就这样；等我长大了，结了婚生了孩子，他更是这样。在教育我的孩子、他的孙子这一件事上，他也是如此。孩子8岁了，他从不让他的孙子看课外书，只准许孩子读老师指定的书目。我一提反对意见，他就说我小时候他就是这样管教我的，说我现在不也成才了，搞得我哭笑不得。怎样才能改变老人的固执呢？

[专家门诊]

固执就是顽固坚持自己的意见。一般说，老年人比中青年人容易有这种表现。

首先，这里面社会心理因素起了很大的作用。因为老年人本身都有过一段漫长的社会经历，在不同的生活方式中积累了不少积极的和消极的经验，在各种生产活动中总结了一些成功或失败的教训，由此产生了对客观事物的主观的态度，而当这种主观态度不适应客观环境时，在旁人看来便表现为明显的固执。另外这也由于老年人对环境的适应能力相对说要比青壮年差些，所以也更容易表现为固执。

其次，大家都知道，在我国，大部分的老年人在社会上和家庭中都还处于受尊敬的地位，这也使有些老人在他们的言行不符合客观实际时为了维护自己的“尊严”，而主观地强调自己言行的一贯正确性。

此外，也有少数老年人随着年岁的增加，由于不注意学习影响了他们对新事物和新知识的接受，还有极个别人为了“爱面子”掩盖自己的好胜心和虚荣心而固执己见，这些也都是具体的原因。

我们知道，固执的行为一般总是和固执的思想认识密切联系的，要想克服它，主要得靠这些老人改变自己的某些认识，使自己主观的看法不断适应变化了的环境。做小辈的遇到老年人固执时，切不要粗暴顶撞与之相持，而应在了解老年人心理的基础上，耐心地多向他们做一些正面的说理，使老年人在自觉自愿的基础上不再坚持那些不合实际的看法和做法。

（四）生存状态测试

此套测试是用来评量你对自己生存状态的感觉的。以下各题叙述中，如果该项陈述可以描绘你的感觉或信念，请选择“是”，反之选择“否”。

1. 经常觉得自己的生命不太有意义或一点意义都没有。

是□否□

2. 经常对周围的事感到很无趣，也漠不关心。

是□否□

3. 认为生活很刺激，也很具有挑战性。

是□否□

4. 经常认为自己的成就微不足道。

是□否□

5. 认为自己活得虚无缥缈。

是□否□

6. 总是认为和别人讨论事情是没用的，因为他们对问题根本不了解。

是□否□

7. 认为自己比别人对生命更多一分期待。

是□否□

8. 大部分的日常活动都没什么太大意义。

是□否□

9. 想到未来时，总是觉得很沮丧。

是□否□

10. 从没找到过自己真正喜欢从事的工作。

是□否□

11. 自己的感觉对别人来说一点意义都没有。

是□否□

12. 发现宗教信仰相当空虚。

是□否□

13. 认为尝试去说服别人是没用的。

是□否□

14. 自己的盼望经常很少。

是□否□

15. 并不觉得生命是没有意义的。

是□否□

16. 无法享受别人所能享受的事。

是□否□

17. 无论自己多努力，事情似乎一点进展也没有。

是□否□

18. 在生活中觉得自己比别人能找到更多意义。

是□否□

19. 甚少对自己所研读的东西真正感到兴趣。

是□否□

20. 过去的生活中没有什么事是值得记忆的。

是□否□

21. 觉得自己的生命对任何人来说都不是很重要。

是□否□

22. 总能自得其乐。

是□否□

23. 认为这世界上值得追求的事物，只有少数。

是□否□

24. 自己的生活似乎没有目标。

是□否□

25. 发现要去坚信一件事情是很困难的。

是□否□

26. 大部分认识的人似乎都过着空虚的生活。

是□否□

27. 大致来说，认为自己所做的每一件事都没有什么太大用处。

是□否□

28. 经常不知道要做些什么。

是□否□

29. 生命中没有重要的目标。

是□否□

30. 经常觉得自己孤独地活在这世界上。

是□否□

31. 很少觉得自己对任何人该有责任感。

是□否□

32. 认为自己是一个很有效率的人。

是□否□

评分规则：

下列各题应选择“是”来回答：

1、2、4、5、6、8、9、10、11、12、13、14、16、17、19、20、21、23、24、25、26、27、28、29、30、31。

下列各题应选择“否”来回答：

3、7、15、18、22、32。

对某些人来说，生存焦虑的确是个问题。如同你从测试结果对照表中所见到的，生存焦虑评量的平均分数只有5分。这项评量结果是以200人作为样本，其中有些人的分数高达26分。如古德教授所言，生存焦虑是一种与失望及空虚有关的情绪，有些人的确深受其苦。

测试结果对照表

分数	百分比
0	15%
2	30%
5	50%
8	70%
10	85%

（五）上网聊天享受晚年

老张原是某事业单位的领导干部，几年前退休回到家里。家里虽说不愁吃不愁穿，家务事也不用管，可是整天无所事事，时间一长就呆腻了，总觉得人老了没用了，活得无聊，几乎急出病来了。

后来老张受儿子的影响，没事的时候也打开家里的电脑上网解解闷。开始只是看看新闻，后来出于好奇也进入聊天室或BBS看看。时间久了，他就学着别人的样子起了个“老顽童”的网名，找几个年轻人随便聊几句，或者在留言板上发几个帖子。为了学打字，平时不常用的拼音也捡了起来。到后来一分钟竟然也能打三十多个字了，他找到了一家老年网站，专门找同龄人聊天，从此一发而不可收拾，短短一年时间，老张在网上结交了不少中老年网友。他定期还要和网友们聚上一聚，有时还结伴外出旅游或组织一些社会活动。自此，老张的空虚无聊感一扫而光，代之而起的是快乐、开朗、充实、自信、老有所乐、老有所为的良好心态。

图书在版编目（CIP）数据

老年人生理、心理变化及应对/陈露晓主编．—北京：中国社会出版社，2008.10

（老年人心理健康辅导丛书）

ISBN 978-7-5087-2301-3

Ⅰ．老…　Ⅱ．陈…　Ⅲ．老年人—生理心理学　Ⅳ．B844.4 B845

中国版本图书馆 CIP 数据核字（2008）第 147423 号

书　　名：老年期生理、心理变化及应对
主　　编：陈露晓
副 主 编：王兴佳
责任编辑：侯继刚　张英杰

出版发行：中国社会出版社　邮政编码：100032
通联方法：北京市西城区二龙路甲 33 号新龙大厦
电　话：（010）66080300　（010）66083600
（010）66085300　（010）66063678
邮购部：（010）66060275　电传:(010)66051713
网　　址：www.shcbs.com.cn
经　　销：各地新华书店

印刷装订：中国电影出版社印刷厂
开　　本：145mm×210mm　1/32
印　　张：6
字　　数：123 千字
版　　次：2009 年 2 月第 1 版
印　　次：2014 年 3 月第 3 次印刷
定　　价：12.00 元